高职高专电子信息类系列教材

数字电路基础

主 编　邹小琴　徐迪新　李欢欢

副主编　杨柳青　吴育立　徐平辉
　　　　杨　诚

西安电子科技大学出版社

内 容 简 介

本书是为贯彻落实《普通高等教育学科专业设置调整优化改革方案》精神，适应新时期专业建设需求而编写的。本书共 9 章，主要内容为数制与编码、逻辑代数与逻辑函数、逻辑门电路、组合逻辑电路、触发器、时序逻辑电路、脉冲单元电路、D/A 和 A/D 转换器、Verilog HDL 基础。各章章首均有本章导读、学习目标、思政教学目标，章末有本章小结、习题。

本书可作为高职高专院校计算机、电气信息类、电子信息类及其他相近专业的教材或教学参考书，也可作为电子类相关工程技术人员的参考书。

图书在版编目（CIP）数据

数字电路基础 / 邹小琴，徐迪新，李欢欢主编. -- 西安：西安电子科技大学出版社，2025.6. -- ISBN 978-7-5606-7646- 3

Ⅰ. TN79

中国国家版本馆 CIP 数据核字第 20255VK455 号

策　　划　李鹏飞
责任编辑　李鹏飞
出版发行　西安电子科技大学出版社（西安市太白南路 2 号）
电　　话　(029) 88202421　88201467　　邮　编　710071
网　　址　www.xduph.com　　　　　电子邮箱　xdupfxb001@163.com
经　　销　新华书店
印刷单位　陕西天意印务有限责任公司
版　　次　2025 年 6 月第 1 版　2025 年 6 月第 1 次印刷
开　　本　787 毫米×1092 毫米　1/16　　印　张　12
字　　数　277 千字
定　　价　35.00 元
ISBN 978-7-5606-7646-3
XDUP 7947001-1

* * * 如有印装问题可调换 * * *

前　言

我们生活在一个被数字技术重塑的时代。从智能手机的实时通信到人工智能的自主决策，从物联网设备的万物互联到量子计算的突破性进展，数字技术已成为推动人类文明进步的核心引擎。而这一切的背后，都离不开一个基础学科的支撑——数字电路基础。数字电路基础是计算机专业学生必修的一门重要专业基础课。本课程的主要任务是为学生学习专业课程和从事技术工作奠定数字电子技术的理论基础，并使他们受到必要的基本技能训练。根据高职高专院校学生的特点，本书避免了高深的理论知识，通过通俗易懂的语言，简明扼要地介绍了学生需要掌握的基础知识和技术，通过实例、例题说明理论的实际应用，以加深学生对知识的掌握和理解。

本书共9章。第1章为数制与编码，主要介绍了数字电路的分类和特点、数字系统中常用的数制及进制之间的转换和编码；第2章为逻辑代数与逻辑函数，主要介绍了逻辑代数的基本概念及运算法则、逻辑函数的表达式及化简法；第3章为逻辑门电路，主要介绍了开关元件的开关特性、分立元件门、TTL集成门、ECL门电路、数字集成电路使用注意事项；第4章为组合逻辑电路，主要介绍了组合逻辑电路的分析与设计，组合逻辑电路的竞争冒险，编码器、译码器等一些常用器件；第5章为触发器，主要介绍了基本RS触发器、钟控触发器、集成触发器及触发器之间的转换；第6章为时序逻辑电路，主要介绍了时序逻辑电路的基本概念、分析方法和设计方法，以及集成计数器、寄存器和移位寄存器；第7章为脉冲单元电路，主要介绍了施密特触发器和单稳态触发器；第8章为D/A和A/D转换器，主要介绍了D/A转换器和A/D转换器。第9章为Verilog HDL基础，主要介绍了Verilog HDL设计模块的基本结构、词法、语句，不同抽象级别的Verilog HDL模型及基于Verilog HDL的组合逻辑电路设计实例。

本书由江西农业工程职业学院邹小琴、徐迪新和江西机电职业技术学院李欢欢担任主编，江西农业工程职业学院杨柳青、吴育立、徐平辉、杨诚担任副主编。具体编写分工为：第1、2章由杨柳青和李欢欢编写，第3~6章由邹小琴编写，第7章由吴育立编写，第8章由徐迪新和杨诚编写，第9章由徐平辉编写。徐迪新、李欢欢对全书进行了统稿。

本书在编写过程中得到了学校领导及其他一线教师的大力支持，在此表示衷心的感谢。

　　由于作者水平有限，书中难免存在疏漏之处，敬请广大读者批评指正。

编　者

2024 年 12 月

目　录

第 1 章 数 制 与 编 码

本章导读

数制与编码知识是分析和设计数字电路的基础。本章将介绍数字系统中常用的数制与编码，同时介绍数字电路的基本概念和特点。

学习目标

(1) 理解数字电路的基本概念和特点；

(2) 熟悉并掌握常用数制；

(3) 熟悉并掌握常用编码。

思政教学目标

数字电路是基于二进制系统的电子电路，其利用两种明确的电压状态(通常表示为逻辑 0 和逻辑 1)来实现信息处理与存储。以数制与编码的规范性与普适性为切入点，厚植技术自主创新意识；从二进制的严谨逻辑中，培养"零误差"工程思维与科学求真精神；结合数据与信息，强化技术向善的责任担当；理解基础理论对国家数字主权与可持续发展的重要意义，塑造兼具国际视野与家国情怀的技术价值观。

1.1　数字电路概述

用数字信号完成算术运算和逻辑运算的电路称为数字电路。

1.1.1　数字电路的分类

数字电路中使用的基本器件是数字集成电路，数字集成电路以实现逻辑功能为目标。一个数字电路能否满足设计要求，主要取决于数字集成电路的功能与技术参数指标。

数字电路可以构成各种处理数字信号的逻辑电路系统，只有了解了数字电路的基本技术特性，才能设计和描述一个数字逻辑电路系统，并正确确定数字电路系统所需要的电路器件。

从系统行为上看，可以把数字电路分为静态电路和动态电路。

1. 静态电路

静态电路的基本特点如下：

（1）电路信号的输出仅与当前输入有关，与电路的输入和输出的历史无关。

（2）静态电路描述的只是电路输入信号进入稳定状态后电路的状态，而不能描述输入信号的变化过程。

（3）静态电路是实现各种逻辑系统的基础，也是实现动态电路的基础。

2. 动态电路

动态电路包括同步时序电路和异步时序电路两种，其基本特点如下：

（1）电路具有信号反馈（输出信号以某种方式反馈到输入端）。

（2）系统工作状态受信号延迟的影响。

（3）系统当前输出不仅与当前输入有关，还与系统的上一个状态有关（即与系统的历史有关）。动态电路主要是通过观察系统的状态和分析系统的功能与性能进行调试的。

1.1.2 数字电路的特点

数字电路具有如下特点：

（1）逻辑性。数字电路实际上是一种逻辑运算电路，其系统描述的是动态逻辑函数，因此数字电路设计的基础和基本技术之一就是逻辑设计。

（2）时序性。为实现数字系统逻辑函数的动态特性，数字电路各部分之间的信号必须有着严格的时序关系。时序设计也是数字电路设计的基本技术之一。

（3）基本信号只有高、低两种逻辑电平。由于数字电路是一种动态的逻辑运算电路，因此其基本信号就只能是逻辑电平信号。逻辑电平信号的特征是：只有高电平和低电平两种状态，两种电平状态各有一定的持续时间。

（4）与逻辑值（0 或 1）对应的电平随使用的实际电路而不同。

（5）固件特点明显。固件是现代电子电路，特别是数字电路或系统的基本特征，也是现代电子电路的发展方向。固件是介于软件和硬件之间的嵌入在硬件设备中的特定程序，这与传统的数字电路完全不同。传统数字电路完全由硬件实现，一旦硬件电路或系统确定之后，电路的功能是不能更改的。而固件由于硬件结构可以由软件决定，因此电路十分灵活，同样的电路芯片可以根据实际需要实现完全不同的功能电路，甚至可以在电路运行中进行电路结构的修改，如可编程通用阵列逻辑（GAL）和单片机等。

由于数字电路处理的是逻辑电平信号，因此，从信号处理的角度看，数字电路系统比模拟电路具有更高的信号抗干扰能力。

1.2 数 制

数制是人们对数量计数的一种统计规律。日常被广泛使用的数制是十进制，而数字电路中使用的是二进制。

十进制中采用了 0，1，…，9 共十个基本数字符号，进位规律是"逢十进一"。当用若干个数字符号共同表示一个数时，处在不同位置的数字符号，其值的含义不同。例如：

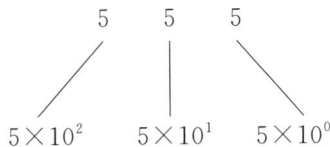

$$5 \qquad 5 \qquad 5$$

$$5 \times 10^2 \qquad 5 \times 10^1 \qquad 5 \times 10^0$$

同一个字符 5 从左到右所代表的值依次为 500、50、5。该数又可以表示为

$$5 \times 10^2 + 5 \times 10^1 + 5 \times 10^0$$

广义地说，一种进位计数制包含基数和权值两个基本要素。

（1）基数：计数制中用到的数字符号的个数。在基数为 R 的计数制中，包含 0，1，…，$R-1$ 共 R 个数字符号，进位规律是"逢 R 进一"，称为 R 进位计数制，简称 R 进制。

（2）权值：在一种进位计数制表示的数中，用来表明不同数位上数值大小的一个固定常数。不同数位有不同的权值，某一个数位的数值等于这一位的数字符号乘上与该位对应的权值。R 进制数的权值是 R 的整数次幂。例如，十进制数的权值是 10 的整数次幂，其个位的权值是 10^0，十位的权值是 10^1。一般来说，一个 R 进制数 N 可以用按权展开法表示：

$$(N)_R = k_{n-1} \times R^{n-1} + k_{n-2} \times R^{n-2} + \cdots + k_1 \times R^1 + k_0 \times R^0 +$$

$$k_{-1} \times R^{-1} + \cdots + k_{-m} \times R^{-m} = \sum_{i=-m}^{n-1} k_i R^i$$

式中：R 为基数；n 为整数部分的位数；m 为小数部分的位数；k_i 为 R 进制中的一个数字符号，其取值范围为

$$0 \leqslant k_i \leqslant R-1, -m \leqslant i \leqslant n-1$$

例如，十进制数 2005.18 可以表示为

$$(2005.18)_{10} = 2 \times 10^3 + 0 \times 10^2 + 0 \times 10^1 + 5 \times 10^0 + 1 \times 10^{-1} + 8 \times 10^{-2}$$

1.2.1　十进制

十进制的基数 $R=10$，有 0～9 共十个数码，进位规则是"逢十进一"，各数位的权值是 10 的幂。

任意一个十进制数 $(D)_{10}$（括号外边的脚注表示不同的进制），都可以表示为

$$(D)_{10} = k_{n-1} \times 10^{n-1} + k_{n-2} \times 10^{n-2} + \cdots + k_0 \times 10^0 + k_{-1} \times 10^{-1} +$$

$$k_{-2} \times 10^{-2} + \cdots + k_{-m} \times 10^{-m} = \sum_{i=-m}^{n-1} k_i \times 10^i$$

式中：k_i 为第 i 位的数字符号，可以取 0～9 十个数码中的任意一个；m、n 为正整数；10 为十进制的基数；10^i 为第 i 位的权。

例如，$(1435.18)_{10} = 1 \times 10^3 + 4 \times 10^2 + 3 \times 10^1 + 5 \times 10^0 + 1 \times 10^{-1} + 8 \times 10^{-2}$。

1.2.2　二进制

二进制的基数 $R=2$，有 0、1 两个数码，进位规则是"逢二进一"，各数位的权值是 2 的幂。

任意一个二进制数$(D)_2$，都可以表示为

$$(D)_2 = k_{n-1} \times 2^{n-1} + k_{n-2} \times 2^{n-2} + \cdots + k_0 \times 2^0 + k_{-1} \times 2^{-1} + k_{-2} \times 2^{-2} + \cdots + k_{-m} \times 2^{-m}$$

$$= \sum_{i=-m}^{n-1} k_i \times 2^i$$

式中：k_i 为第 i 位的数字符号，可以取 0 或 1；m、n 为正整数；2 为二进制的基数；2^i 为第 i 位的权。

例如，$(1101.101)_2 = 1 \times 2^3 + 1 \times 2^2 + 0 \times 2^1 + 1 \times 2^0 + 1 \times 2^{-1} + 0 \times 2^{-2} + 1 \times 2^{-3}$。

二进制计数规则简单，存储、传输方便，被广泛应用于数字系统。但对于较大的数值，需要较多位数去表示，数码串太长，使用起来不够方便。

1.2.3　八进制

八进制的基数 $R = 8$，有 0～7 共八个数码，进位规则是"逢八进一"，各数位的权值是 8 的幂。

任意一个八进制数$(D)_8$，都可以表示为

$$(D)_8 = k_{n-1} \times 8^{n-1} + k_{n-2} \times 8^{n-2} + \cdots + k_0 \times 8^0 + k_{-1} \times 8^{-1} + k_{-2} \times 8^{-2} + \cdots + k_{-m} \times 8^{-m}$$

$$= \sum_{i=-m}^{n-1} k_i \times 8^i$$

式中：k_i 为第 i 位的数字符号，可以取 0～7 八个数码中的任意一个；m、n 为正整数；8 为八进制的基数；8^i 为第 i 位的权。

例如，$(57.432)_8 = 5 \times 8^1 + 7 \times 8^0 + 4 \times 8^{-1} + 3 \times 8^{-2} + 2 \times 8^{-3}$。

1.2.4　十六进制

十六进制的基数 $R = 16$，有 0～9、A～F 共十六个数码，进位规则是"逢十六进一"，各数位的权值是 16 的幂。

任意一个十六进制数$(D)_{16}$，都可以表示为

$$(D)_{16} = k_{n-1} \times 16^{n-1} + k_{n-2} \times 16^{n-2} + \cdots + k_0 \times 16^0 + k_{-1} \times 16^{-1} +$$

$$k_{-2} \times 16^{-2} + \cdots + k_{-m} \times 16^{-m}$$

$$= \sum_{i=-m}^{n-1} k_i \times 16^i$$

式中：k_i 为第 i 位的数字符号，可以取 0～9、A～F 十六个数码中的任意一个；m、n 为正整数；16 为十六进制的基数；16^i 为第 i 位的权。

例如，$(2AE4.BC)_{16} = 2 \times 16^3 + 10 \times 16^2 + 14 \times 16^1 + 4 \times 16^0 + 11 \times 16^{-1} + 12 \times 16^{-2}$。

在表示十进制、二进制、八进制、十六进制时，除了用数字下标表示外，还可以用英文字母下标表示，即十进制用 D 表示，二进制用 B 表示，八进制用 O 表示，十六进制用 H 表示。

1.3　不同进制数之间的转换

数字系统常用的数制为十进制和二进制。十进制是人们熟悉的数制，但机器实现起来

困难。二进制是机器唯一能识别的数制，但二进制数码位数过多，因此引入八进制和十六进制。各数制都有自己的应用场合，因此数制间经常需要相互转换。

1.3.1 二、八、十六进制数转换成十进制数

将非十进制数即二、八、十六进制数转换为等值的十进制数，只需要将它们按权展开，再按十进制运算的规则运算即可得到对应的十进制数。

【例 1-1】 将二进制数 $(1101.01)_2$ 转换成等值的十进制数。

解：将二进制数按权展开得

$$(1101.01)_2 = 1 \times 2^3 + 1 \times 2^2 + 0 \times 2^1 + 1 \times 2^0 + 0 \times 2^{-1} + 1 \times 2^{-2}$$
$$= 8 + 4 + 0 + 1 + 0 + 0.25 = (13.25)_{10}$$

【例 1-2】 将八进制数 $(64.51)_8$ 转换成等值的十进制数。

解：将八进制数按权展开得

$$(64.51)_8 = 6 \times 8^1 + 4 \times 8^0 + 5 \times 8^{-1} + 1 \times 8^{-2}$$
$$= 48 + 4 + 0.625 + 0.015625 = (52.640625)_{10}$$

【例 1-3】 将十六进制数 $(F3D.48)_{16}$ 转换成等值的十进制数。

解：将十六进制数按权展开得

$$(F3D.48)_{16} = 15 \times 16^2 + 3 \times 16^1 + 13 \times 16^0 + 4 \times 16^{-1} + 8 \times 16^{-2}$$
$$= 3840 + 48 + 13 + 0.25 + 0.03125 = (3901.28125)_{10}$$

1.3.2 二进制数与八、十六进制数的相互转换

因为八进制数、十六进制数的基数分别为 $2^3 = 8$、$2^4 = 16$，所以二进制数转换成八进制数（或十六进制数）时，每 3 位（或 4 位）二进制数相当于 1 位八进制数（或十六进制数）。其转换方法为：从小数点算起，向左或向右每 3 位（或 4 位）分成 1 组，最后不足 3 位（或 4 位）用 0 补齐（例 1-4 中带方框的是补位的 0），每组用 1 位等值的八进制数（或十六进制数）表示，即得到要转换的八进制数（或十六进制数）。

【例 1-4】 将 $(10101011.01101)_2$ 转换成等值的八进制数和十六进制数。

解：从小数点开始，分别向左、右将二进制数每 3 位分成 1 组，然后写出每组对应的八进制数，即

所以 $(10101011.01101)_2 = (253.32)_8$。

从小数点开始，分别向左、右将二进制数每 4 位分成 1 组，然后写出每组对应的十六进制数，即

二进制	1010	1011	.	0110	1$\boxed{000}$

$\downarrow$ $\downarrow$ $\downarrow$ $\downarrow$

十六进制	A	B	.	6	8

所以 $(10101011.01101)_2 = (AB.68)_{16}$。

反之,八进制数(或十六进制数)转换成二进制数时,只要将每位八进制数(或十六进制数)分别写成相应的 3 位(或 4 位)二进制数,按原来的顺序排列起来即可。

利用八进制数和十六进制数与二进制数之间的这种关系,可以实现八进制数与十六进制数之间的相互转换。

【例 1-5】 分别将 $(75.46)_8$ 和 $(78.A5)_{16}$ 转换成等值的二进制数。

解: 分别写出每位八进制数和十六进制数对应的 3 位和 4 位二进制数,即

	(7	5	.	4	6)$_8$		(7	8	.	A	5)$_{16}$

$\downarrow$ $\downarrow$ $\downarrow$ $\downarrow$ $\downarrow$ $\downarrow$ $\downarrow$ $\downarrow$

二进制	111	101	.	100	110		0111	1000	.	1010	0101

所以 $(75.46)_8 = (111101.100110)_2$,$(78.A5)_{16} = (1111000.10100101)_2$。

【例 1-6】 将 $(75.46)_8$ 转换成等值的十六进制数。

解: 先将八进制数转换为二进制数,再将二进制数转换为十六进制数,即

	(7	5	.	4	6)$_8$

$\downarrow$ $\downarrow$ $\downarrow$ $\downarrow$

二进制	$\boxed{00}$11	1101	.	1001	10$\boxed{00}$

$\downarrow$ $\downarrow$ $\downarrow$ $\downarrow$

十六进制	3	D	.	9	8

所以 $(75.46)_8 = (3D.98)_{16}$。

1.3.3 十进制数转换成二、八、十六进制数

将十进制数转换为二、八、十六进制数即非十进制数时,需将十进制数的整数部分和小数部分分别转换,然后将转换结果合并起来。

1. 整数部分的转换

将十进制整数转换为非十进制数时,采用"除基取余"的方法,先得到的余数为低位,后得到的余数为高位。具体步骤如下:

(1) 将十进制整数除以基数,得到的余数是非十进制数的最低位;

(2) 将上一步骤所得的商再次除以基数,得到的余数是非十进制数的次低位;

(3) 重复上一步骤,直到最后所得的商为 0,这时的余数是非十进制数的最高位。

【例 1-7】　将 $(29)_{10}$ 转换成等值的二进制数。

解：按照"除基取余"的方法，即除以 2，取余数。其转换过程如下：

$$
\begin{array}{r}
\quad\quad\quad\quad\quad\quad\quad 余数 \\
2\,\underline{\mid 29} \quad\quad\quad 1 \\
2\,\underline{\mid 14} \quad\quad\quad 0 \\
2\,\underline{\mid 7} \quad\quad\quad 1 \\
2\,\underline{\mid 3} \quad\quad\quad 1 \\
2\,\underline{\mid 1} \quad\quad\quad 1 \\
0
\end{array}
$$

第一个余数为二进制数的最低位

最后一个余数为二进制数的最高位

转换结果为：$(29)_{10}=(11101)_2$。

【例 1-8】　将 $(208)_{10}$ 转换成等值的八进制数。

解：按照"除基取余"的方法，即除以 8，取余数。其转换过程如下：

$$
\begin{array}{r}
\quad\quad\quad\quad\quad\quad\quad 余数 \\
8\,\underline{\mid 208} \quad\quad\quad 0 \\
8\,\underline{\mid 26} \quad\quad\quad 2 \\
8\,\underline{\mid 3} \quad\quad\quad 3 \\
0
\end{array}
$$

第一个余数为八进制数的最低位

最后一个余数为八进制数的最高位

转换结果为：$(208)_{10}=(320)_8$。

【例 1-9】　将 $(254)_{10}$ 转换成等值的十六进制数。

解：按照"除基取余"的方法，即除以 16，取余数。其转换过程如下：

$$
\begin{array}{r}
\quad\quad\quad\quad\quad\quad\quad 余数 \\
16\,\underline{\mid 254} \quad\quad\quad 14 \\
16\,\underline{\mid 15} \quad\quad\quad 15 \\
0
\end{array}
$$

第一个余数为十六进制数的最低位

最后一个余数为十六进制数的最高位

转换结果为：$(254)_{10}=(FE)_{16}$。

2. 小数部分的转换

将十进制小数转换为非十进制数时，采用"乘基取整"的方法，先得到的整数为高位，后得到的整数为低位。具体步骤如下：

（1）将十进制小数乘以基数，得到的乘积的整数部分是非十进制数的最高位；

（2）将上一步所得乘积的小数部分再次乘以基数，得到的乘积的整数部分是非十进制数的次高位；

（3）重复上一步，直到最后所得的乘积为 0 或满足一定的精度要求。

【例 1-10】　将 $(0.625)_{10}$ 转换成等值的二进制数。

解：按照"乘基取整"的方法，即乘以 2，取整数。其转换过程如下：

$$0.625 \times 2 = 1.250 \quad 取出整数 1 \quad 最高位$$

$$0.250 \times 2 = 0.500 \quad 取出整数 0 \quad \downarrow$$

$$0.500 \times 2 = 1.000 \quad 取出整数 1 \quad 最低位$$

此时，乘积的小数部分为 0，转换结束，故 $(0.625)_{10}=(0.101)_2$。

【例 1 - 11】 将 $(0.5)_{10}$ 转换成等值的八进制数。

解：按照"乘基取整"的方法，即乘以 8，取整数。其转换过程如下：

$$0.500 \times 8 = 4.000$$

取出整数 4，乘积的小数部分为 0，转换结束，故 $(0.5)_{10} = (0.4)_8$。

【例 1 - 12】 将 $(0.3584)_{10}$ 转换成等值的十六进制数，结果保留 3 位小数。

解：按照"乘基取整"的方法，即乘以 16，取整数。其转换过程如下：

$$0.3584 \times 16 = 5.7344 \qquad 取出整数 5 \qquad 最高位$$

$$0.7344 \times 16 = 11.7504 \qquad 取出整数 11 \qquad \downarrow$$

$$0.7504 \times 16 = 12.0064 \qquad 取出整数 12 \qquad 最低位$$

转换结果为：$(0.3584)_{10} = (0.5BC)_{16}$。

1.4 编 码

数字系统中的信息有两类：一类是数码信息，另一类是代码信息。数码信息的表示方法如前所述，用于表示数字及在数字系统中进行运算、存储和传输。字符等一类信息，也需要用一定位数的二进制数码表示，这个特定的二进制码称为代码。"代码"和"数码"的含义不尽相同，代码是不同信息的代号，不一定有数的含义。一般一个码字是由若干信息位组成的，每位有 0 和 1 两种代码。m 位代码可以组合成 2^m 个不同的码字，即它们可以代表 2^m 种不同信息。

给 2^m 种信息中的每个信息指定一个具体的码字去代表它，这一指定过程称为编码。由于指定的方法不是唯一的，故对一组信息存在着多种编码方案。

数字系统中常用的编码有两类：一类是二进制编码，另一类是二-十进制编码。

1.4.1 二-十进制编码

数字系统处理的是二进制数码，人机界面中常用十进制数进行输入和输出。为使数字系统能够传递、处理十进制数，必须把十进制数的各个数码用二进制码的形式表示出来，这种编码方式便是 BCD 码。BCD 码既有二进制码的形式（4 位二进制码），又有十进制数的特点（每 4 位二进制码是 1 位十进制数）。

十进制数共有 10 个数码，需要用 4 位二进制码来表示。4 位二进制码可以有 16 种组合，而表示十进制数只需要 10 种组合，因此用 4 位二进制码来表示十进制数有多种选取方式。表 1 - 1 列出了 5 种常用的 BCD 码与其相应的十进制数，它分为有权码和无权码两大类。

在采用有权码的一些方案中，最常用的是 8421 码，即 4 个二进制位的位权从高到低分别为 8、4、2、1。其次是 5421 码和 2421 码，5421 码的 4 个二进制位的位权从高到低分别为 5、4、2、1，2421 码以此类推。

表 1－1　常用 BCD 码

十进制数	有　权　码			无　权　码	
	8421 码	5421 码	2421 码	余 3 码	格雷码
0	0000	0000	0000	0011	0000
1	0001	0001	0001	0100	0001
2	0010	0010	0010	0101	0011
3	0011	0011	0011	0110	0010
4	0100	0100	0100	0111	0110
5	0101	1000	1011	1000	1110
6	0110	1001	1100	1001	1010
7	0111	1010	1101	1010	1000
8	1000	1011	1110	1011	1100
9	1001	1100	1111	1100	1101

8421 码的编码值与字符 0～9 的 ASCII 码的低 4 位码相同，有利于简化输入输出过程中从字符到 BCD 码或从 BCD 码到字符的转换操作，是实现人机联系时比较好的中间表示。需要译码时，译码电路也比较简单。把一个十进制数转换成 8421 码数串，仅需对十进制数的每一位单独进行转换。例如，1592 转换成相应的 8421 码，结果为 0001 0101 1001 0010。相反的转换过程也类似。例如，0110 1000 0100 0000 转换成十进制数，结果应为 6840。

8421 码的主要缺点是实现加法运算的规则比较复杂，当两个数相加的和大于 9 时需要对运算结果进行加 6 修正，因为 BCD 码不能出现 1010～1111 这 6 个二进制数。

5421 码的显著特点是最高位连续 5 个 0 后连续 5 个 1。当计数器采用这种编码时，最高位可产生对称方波输出。

2421 码的显著特点是自补码，它就是对 9 的补码，其中 0～4 的 2421 码和 8421 码相同，各位取反后正好为该数对 9 的补码。

在采用无权码的方案中，用得比较多的是余 3 码和格雷码。

余 3 码是在 8421 码的基础上，给每个代码都加上 0011 码而形成的。它的主要优点是执行十进制数相加时，能正确地产生进位信号，并且给减法运算带来了方便。

格雷码的编码规则是任何两个相邻的代码只有 1 个二进制位的状态不同，其余 3 个二进制数必须有相同状态。其优点是，从某一编码变到下一个相邻编码时，只有一位的状态发生变化，有利于得到更好的译码波形。格雷码是一种循环码。

1.4.2　ASCII 码

数字系统中处理的数据除了数字之外，还有字母、运算符号、标点符号以及其他特殊符号，人们将这些符号统称为字符。在数字系统中所有字符必须用二进制编码表示，通常将其称为字符编码。最常用的字符编码是美国信息交换标准码，简称 ASCII 码，它用 7 位二进制码表示 128 个字符，编码规则如表 1-2 所示。由于数字系统中实际是用一个字节表示一个字符的，因此在使用 ASCII 码时，通常在最左边增加一位奇偶检验位。

表 1-2　7 位 ASCII 码编码表

低 4 位代码	高　3　位							
	000	001	010	011	100	101	110	111
0000	NUL	DEL	SP	0	@	P	、	p
0001	SOH	DC1	!	1	A	Q	a	q
0010	STX	DC2	”	2	B	R	b	r
0011	EXT	DC3	#	3	C	S	c	s
0100	EOT	DC4	$	4	D	T	d	t
0101	ENQ	NAK	%	5	E	U	e	u
0110	ACK	SYN	&.	6	F	V	f	v
0111	BEL	ETB	,	7	G	W	g	w
1000	BS	CAN	(	8	H	X	h	x
1001	HT	EM	)	9	I	Y	i	y
1010	LF	SUB	*	:	J	Z	j	z
1011	VT	ESC	+	;	K	[	k	{
1100	FF	FS	,	<	L	\	l		
1101	CR	GS	—	=	M	]	m	}
1110	SO	RS	.	>	N	^	n	~
1111	SI	US	/	?	O	_	o	DEL

本 章 小 结

（1）二进制系统代表自然界中存在的二状态物理元件。这两种不同的物理状态可用数字 1 和 0 来表示。在数字电路中，通常用逻辑高电平表示数字 1，逻辑低电平表示数字 0，它们是构成二进制数制的基础，是一个开关量。

（2）二进制数进行传输、存储、运算都很方便。二进制数以 2 为基数，计数规律是逢二进一，但书写不方便，为此人们采用八进制、十六进制作为与二进制数相互转换的过渡。

（3）数字系统中有一种二进制码没有数的含义，故称为二进制编码。常见的编码有自然二进制码和 BCD 码。BCD 码用来实现人机通信。

习 题 1

一、选择题

1. 以下代码中为无权码的是（　　）。

A. 8421 码　　　　　B. 5421 码　　　　　C. 2421 码　　　　　D. 格雷码

2. 以下代码中为有权码的是（　　）。

A. 8421 码　　　　　B. ASCII 码　　　　　C. 余三码　　　　　D. 格雷码

3. 1 位十六进制数可以用（　　）位二进制数来表示。

A. 1　　　　　　　B. 2　　　　　　　C. 4　　　　　　　D. 16

4. 与十进制数 $(53.5)_{10}$ 不等值的数或代码是（　　）。

A. $(0101\ 0011.0101)_2$　　　　　　　　B. $(35.8)_{16}$

C. $(110101.1)_2$　　　　　　　　　　　D. $(65.4)_8$

5. 与八进制数 $(47.3)_8$ 等值的数是（　　）。

A. $(100111.011)_2$　　　　　　　　　B. $(27.6)_{10}$

C. $(27.3)_{16}$　　　　　　　　　　　D. $(100111.11)_2$

6. 常用的 BCD 码有（　　）。

A. 奇偶校验码　　　B. 格雷码　　　　　C. 8421 码　　　　　D. ASCII 码

7. 与模拟电路相比，不是数字电路主要优点的是（　　）。

A. 容易设计　　　　B. 通用性强　　　　C. 保密性好　　　　D. 抗干扰能力强

二、填空题

1. 分析数字电路的主要工具是_____，数字电路又称作_____。

2. 数字电路中，常用的数制除十进制外，还有_____、_____、_____。

3. 常用的 BCD 码有_____、_____、_____、_____等。

4. $(10110010.1011)_2 = ($ 　　　　　$)_8 = ($ 　　　　　$)_{16}$。

5. $(39.75)_{10} = ($ 　　　　　$)_2 = ($ 　　　　　$)_8 = ($ 　　　　　$)_{16}$。

三、简答题

1. 在数字系统中为什么要采用二进制？

2. 格雷码的特点是什么？为什么说它是可靠代码？

四、计算题

1. 将下列二进制数转换成十进制数。

(1) 101101　　　(2) 11011101　　　(3) 0.11　　　　(4) 1010101.0011

2. 将下列十进制数转换成二进制数（小数部分取 4 位有效数字）。

(1) 37　　　　　(2) 0.75　　　　　(3) 12.34　　　　(4) 19.65

3. 将下列二进制数转换成十六进制数。

(1) 0011　　　　(2) 10101111　　　(3) 1001.0101　　　(4) 101010.001101

第 2 章　逻辑代数与逻辑函数

本章导读

　　逻辑代数是数字系统逻辑设计的数学工具。任何形式的数字系统，都是由一些基本的逻辑电路所组成的。为了解决数字系统分析和设计中的各种具体问题，必须掌握逻辑代数这一重要数学工具。

　　本章将从实用的角度介绍逻辑代数的基本概念及运算法则、逻辑函数的表达式及化简法。

学习目标

　　(1) 掌握各种逻辑运算的规则；

　　(2) 熟悉逻辑代数的基本公式、基本定理和常用公式；

　　(3) 掌握逻辑函数的表示方法及其相互转换方法；

　　(4) 熟悉逻辑函数的代数化简法；

　　(5) 熟练掌握逻辑函数的卡诺图化简法。

思政教学目标

　　数字电路具有逻辑表达式、真值表、卡诺图、波形图、逻辑图等多种描述方式，体现了辩证法中事物具有多样性，不能仅仅局限于单一的方面，可以从不同方面反复不断的认识，从而加深自己的认识水平。

2.1　逻辑代数的基本概念

　　逻辑代数是分析和设计数字电路的数学工具，是由逻辑变量集、常量 0 和 1，以及逻辑运算符构成的代数系统。本节将从逻辑代数的基本概念出发，介绍逻辑常量和逻辑变量、基本逻辑和复合逻辑、逻辑函数的表示方法，从而对后面的逻辑代数运算打下坚实的基础。

2.1.1　逻辑常量和逻辑变量

　　逻辑运算是逻辑思维和逻辑推理的数学描述，具有"真"与"假"两种可能，一般用英文

大写字母 A、B、C…表示。

逻辑变量只有"真""假"两种可能，在逻辑数学中，把"真""假"称为逻辑变量的取值，简称逻辑值，也叫逻辑常量。通常用"1"表示"真"，用"0"表示"假"，或者相反。虽然"1"和"0"称为逻辑值或逻辑常量，但是它们没有"大小"的含义，也无数量的概念。它们只是代表逻辑"真""假"的两个形式符号。

逻辑变量分为输入逻辑变量和输出逻辑变量两类。

2.1.2　基本逻辑和复合逻辑

1. 基本逻辑

逻辑代数中的基本逻辑运算有"与"逻辑运算（逻辑乘）、"或"逻辑运算（逻辑加）和"非"逻辑运算（逻辑反）三种。

1）"与"（and）逻辑运算

当决定某个事件的全部条件都具备时，该事件才发生，这种因果关系称为"与"逻辑关系。"与"逻辑最为常见的实际应用是串联开关照明电路，如图 2-1 所示。

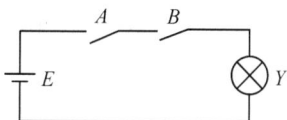

图 2-1　串联开关照明电路

在图 2-1 中，开关 A、B（输入变量）的状态（闭合或断开）与电灯 Y（输出变量）的状态（亮和灭）之间存在确定的因果关系。显然，只有当串联的两个开关都闭合时，灯才能亮。如果规定开关闭合及灯亮为逻辑 1 状态，开关断开及灯灭为逻辑 0 状态，那么开关 A 和 B 的全部状态组合与灯 Y 状态之间的关系如表 2-1 所示，这种表叫作逻辑真值表，简称真值表，这是逻辑关系的一种描述方法。

表 2-1　"与"逻辑的真值表

A	B	Y	输出特点
0	0	0	
0	1	0	有 0 出 0
1	0	0	
1	1	1	全 1 出 1

"与"逻辑关系的表达式为

$$Y = A \cdot B \qquad\qquad (2-1)$$

多标量的"与"逻辑关系的表达式为

$$Y = A \cdot B \cdot C\cdots \qquad\qquad (2-2)$$

式（2-1）和式（2-2）中的"·"符号表示逻辑乘，又称为"与"逻辑运算符，在不需要强调的地方，"·"符号可以省略。

在数字电路中，将能实现逻辑运算的电路称为门电路（简称门），与门能实现"与"逻辑运算功能，其图形符号如图2-2所示。

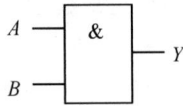

图2-2 "与"逻辑国家标准符号

2)"或"(or) 逻辑运算

当决定某个事件的全部条件中有一个或一个以上条件具备时，该事件发生，这种因果关系称为"或"逻辑关系。

"或"逻辑最为常见的实际应用是并联开关照明电路，如图2-3所示。当并联的两个开关 A、B 有一个或全部闭合时，灯 Y 就会亮。只有当两个开关都断开时，灯 Y 才会灭。

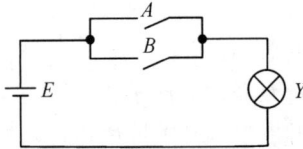

图2-3 并联开关照明电路

"或"逻辑的真值表如表2-2所示。

表2-2 "或"逻辑的真值表

A	B	Y	输出特点
0	0	0	全0出0
0	1	1	
1	0	1	有1出1
1	1	1	

"或"逻辑关系的表达式为

$$Y = A + B \qquad (2-3)$$

多标量的"或"逻辑关系的表达式为

$$Y = A + B + C \cdots \qquad (2-4)$$

式(2-3)和式(2-4)中的"+"符号表示逻辑加，又称为"或"逻辑运算符。

在数字电路中，或门能实现"或"逻辑运算功能，其图形符号如图2-4所示。

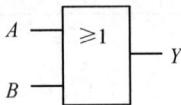

图2-4 "或"逻辑国家标准符号

3)"非"(not) 逻辑运算

"非"逻辑运算也称为逻辑反。数字电路中实现"非"逻辑的反相器，在实际应用中经常使用。

当某一事件的条件满足时，该事件不会发生，反之事件会发生，这种因果关系称为"非"逻辑关系。

"非"逻辑的实际应用是开关与负载并联的控制电路，如图 2-5 所示。当开关 A 闭合时，灯 Y 被开关 A 短路而熄灭。当开关 A 断开时，灯 Y 才有电流通过，会点亮。

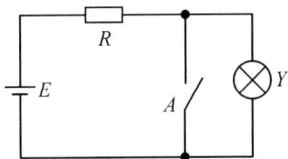

图 2-5　开关与负载并联的控制电路

"非"逻辑的真值表如表 2-3 所示。

表 2-3　"非"逻辑的真值表

A	Y	输出特点
0	1	有 0 出 1
1	0	有 1 出 0

"或"逻辑关系的表达式为

$$Y = \overline{A} \tag{2-5}$$

在数字电路中，非门能实现"非"逻辑运算功能，其图形符号如图 2-6 所示。

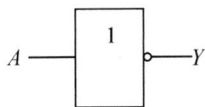

图 2-6　"非"逻辑国家标准符号

2. 复合逻辑

"与""或""非"是三种基本逻辑运算，实际的逻辑问题往往比"与""或""非"复杂得多。不过这些复杂的逻辑运算都可以通过三种基本的逻辑运算组合而成，称为复合逻辑运算。最常见的复合逻辑运算有"与非""或非""异或""同或""与或非"等。

1）"与非"逻辑运算

"与非"逻辑运算是由"与"逻辑和"非"逻辑两种逻辑运算复合而成的一种复合逻辑运算。"与非"逻辑的真值表如表 2-4 所示，其图形符号如图 2-7 所示，逻辑表达式为

$$Y = \overline{A \cdot B} \tag{2-6}$$

表 2-4　"与非"逻辑的真值表

A	B	Y	输出特点
0	0	1	有 0 出 1
0	1	1	
1	0	1	
1	1	0	全 1 出 0

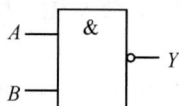

图 2-7 "与非"逻辑的图形符号

2）"或非"逻辑运算

"或非"逻辑运算是由"或"逻辑和"非"逻辑两种逻辑运算复合而成的一种复合逻辑运算，"或非"逻辑的真值表如表 2-5 所示，其图形符号如图 2-8 所示，逻辑表达式为

$$Y = \overline{A + B} \qquad (2-7)$$

表 2-5 "或非"逻辑的真值表

A	B	Y	输出特点
0	0	1	全 0 出 1
0	1	0	
1	0	0	有 1 出 0
1	1	0	

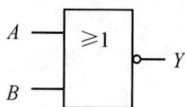

图 2-8 "或非"逻辑的图形符号

3）"异或"逻辑运算

"异或"逻辑运算是由"与"逻辑、"或"逻辑和"非"逻辑三种逻辑运算复合而成的一种复合逻辑运算。"异或"逻辑的真值表如表 2-6 所示，其图形符号如图 2-9 所示，逻辑表达式为

$$Y = \overline{A}B + A\overline{B} = A \oplus B \qquad (2-8)$$

表 2-6 "异或"逻辑的真值表

A	B	Y	输出特点
0	0	0	入同出 0
0	1	1	
1	0	1	入异出 1
1	1	0	入同出 0

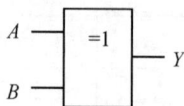

图 2-9 "异或"逻辑的图形符号

4）"同或"逻辑运算

"同或"逻辑运算是由"与"逻辑、"或"逻辑和"非"逻辑三种逻辑运算复合而成的一种复合逻辑运算。"同或"逻辑的真值表如表 2-7 所示，其图形符号如图 2-10 所示，逻辑表达式为

$$Y = \overline{A}\,\overline{B} + AB = A \odot B \qquad (2-9)$$

表 2-7　"同或"逻辑的真值表

A	B	Y	输出特点
0	0	1	入同出 1
0	1	0	入异出 0
1	0	0	
1	1	1	入同出 1

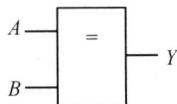

图 2-10　"同或"逻辑的图形符号

5）"与或非"逻辑运算

"与或非"逻辑运算是由"与"逻辑、"或"逻辑和"非"逻辑三种逻辑运算复合而成的一种复合逻辑运算。"与或非"逻辑的真值表如表 2-8 所示，其图形符号如图 2-11 所示，逻辑表达式为

$$Y = \overline{AB + CD} \qquad (2-10)$$

表 2-8　"与或非"逻辑的真值表

$ABCD$	Y	$ABCD$	Y
0000	1	1000	1
0001	1	1001	1
0010	1	1010	1
0011	0	1011	0
0100	1	1100	0
0101	1	1101	0
0110	1	1110	0
0111	0	1111	0
输出特点	输入与项全 0，输出为 1，否则输出为 0		

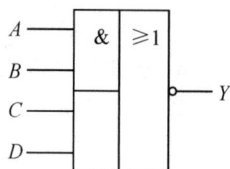

图 2-11　"与或非"逻辑的图形符号

2.1.3　逻辑函数的表示方法

在研究事件的因果关系时，决定事件变化的因素称为逻辑自变量，对应事件的结果称为逻辑因变量，也叫逻辑结果。以某种形式表示逻辑自变量与逻辑因变量之间的函数关系称为逻辑函数。例如，当逻辑自变量 A、B、C、D…的取值确定后，逻辑因变量 F 的取值也就唯一确定了，则称 F 是 A、B、C、D…的逻辑函数，记作 $F=f(A，B，C，D\cdots)$。

任何一种因果关系都可以用逻辑函数来描述。例如，前面基本逻辑运算中如图 2-1 所示的串联开关照明电路，它实现的功能是当开关 A 和 B 同时闭合时灯亮，有一个或两个开关断开时灯灭。这个因果关系可以用逻辑函数来描述，即灯 Y 的亮灭状态是开关 A 和 B 开关状态的逻辑函数，记为 $Y=f(A，B)=A \cdot B$

描述逻辑函数的方法并不唯一，常用的方法有逻辑表达式、真值表、卡诺图和波形图四种。

1. 逻辑表达式

逻辑表达式是由逻辑变量、逻辑运算符和必要的括号构成的表达式。例如：

$$F=f(A，B)=\overline{A}B+A\overline{B} \tag{2-11}$$

式(2-11)是一个由两个变量(A 和 B)进行逻辑运算构成的逻辑表达式。它描述了一个有两个变量的逻辑函数 F。函数 F 和变量 A、B 的关系是：当变量 A 和 B 取值不同时，函数 F 的值为"1"；否则，函数 F 的值为"0"。

关于逻辑表达式的书写，为了简便起见，可按下述规则：

(1) 非运算可不加括号，如 $\overline{A}$、$\overline{A+B}$ 等。

(2) 与运算符一般可省略，如 $A \cdot B$ 可写成 AB。

(3) 在一个表达式中，如果既有与运算又有或运算，那么按先与后或的规则进行运算，如 $(A \cdot B)+(C \cdot D)$ 可省略括号写成 $AB+CD$。

(4) 由于与运算和或运算均满足结合律，因此 $(A+B)+C$ 或者 $A+(B+C)$ 可用 $A+B+C$ 代替，$(AB)C$ 或者 $A(BC)$ 可用 ABC 代替。

2. 真值表

用真值表描述逻辑函数的方法是一种表格表示法。由于一个逻辑变量只有 0 和 1 两种可能的取值，因此 n 个逻辑变量一共有 2^n 种可能取值组合。任何逻辑函数总是和若干个逻辑变量相关，由于变量的个数是有限的，变量取值组合的总数也必然是有限的，因此，可以用穷举法来描述逻辑函数的功能。

对一个函数求出所有输入变量取值下的函数值并用表格形式记录下来，这种表格称为真值表。真值表是一种由逻辑变量的所有可能取值组合及其对应的逻辑函数值所构成的表格。

一般，真值表中输入变量的取值组合按二进制数码顺序给出，右边一栏为逻辑函数值。例如，函数 $F = A\overline{B} + \overline{A}C$ 的真值表如表 2-9 所示。

表 2-9　函数 $F = A\overline{B} + \overline{A}C$ 的真值表

A	B	C	F
0	0	0	0
0	0	1	1
0	1	0	0
0	1	1	1
1	0	0	1
1	0	1	1
1	1	0	0
1	1	1	0

真值表是一种十分有用的逻辑工具，在逻辑问题的分析和设计汇总中经常使用。

3. 卡诺图

卡诺图是由表示逻辑变量所有取值组合的小方格所构成的平面图。它是一种用图形描述逻辑函数的方法，这种方法在逻辑函数化简中十分有用，后面将结合函数化简问题进行详细介绍。

4. 波形图

逻辑函数还可以用输入输出的波形图来表示。图 2-12 为逻辑函数 $F = A(B+C)$ 的波形图。

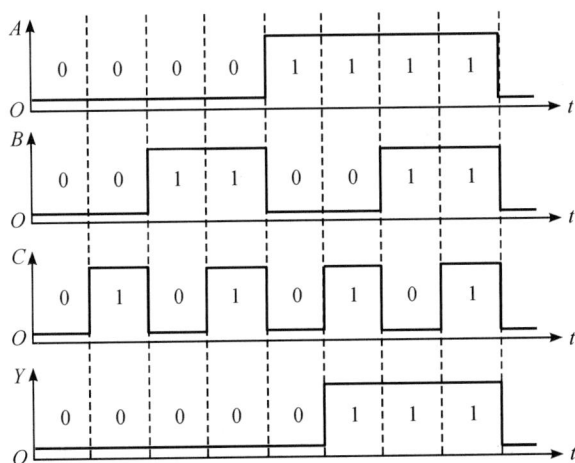

图 2-12　逻辑函数 $F = A(B+C)$ 的波形图

2.1.4 逻辑函数的相等

逻辑函数和普通代数中的函数一样,存在相等的问题。什么叫作两个逻辑函数相等呢?
设有两个逻辑函数

$$F_1 = f_1(A_1, A_2, \cdots, A_n)$$
$$F_2 = f_2(A_1, A_2, \cdots, A_n)$$

若对应于逻辑变量 $A_1, A_2, \cdots, A_n$ 的任何一组取值,F_1 和 F_2 的值都相同,则称函数 F_1 和 F_2 相等,记作 $F_1 = F_2$。

判断两个逻辑函数是否相等,通常有两种方法:一种方法是列出输入变量所有可能的取值组合,并按逻辑运算法则计算出各种输入取值下两个函数的相应值,然后进行比较;另一种方法是用逻辑代数的公理、定理和规则进行证明。

2.2 逻辑代数的运算法则

逻辑代数是分析和设计数字电路的数学工具,是由逻辑变量集、常量 0 和 1,以及逻辑运算符构成的代数系统,它具有用于运算的一些定理和规则。

2.2.1 逻辑代数的基本公式

依据逻辑变量的取值只有 0 和 1,基本逻辑运算只有三种的情况,容易推出逻辑代数的基本公式,如表 2-10 所示,又称为逻辑代数的公理、布尔恒等式。

表 2-10 逻辑代数的基本公式

名称	公 式	
0-1 律	$\overline{0}=1$ $0 \cdot A = 0$ $1 \cdot A = A$	$\overline{1}=0$ $1+A=1$ $0+A=A$
交换律	$A \cdot B = B \cdot A$	$A+B=B+A$
结合律	$A \cdot (B \cdot C)=(A \cdot B) \cdot C$	$A+(B+C)=(A+B)+C$
分配律	$A \cdot (B+C)=A \cdot B+A \cdot C$	$A+B \cdot C=(A+B) \cdot (A+C)$
吸收律	$A(A+B)=A$	$A+A \cdot B=A$
重复律	$A \cdot A = A$	$A+A=A$
互补律	$A \cdot \overline{A}=0$	$A+\overline{A}=1$
还原律	$\overline{\overline{A}}=A$	
反演律	$\overline{A \cdot B}=\overline{A}+\overline{B}$	$\overline{A+B}=\overline{A} \cdot \overline{B}$

反演律又称为摩根定律，在逻辑函数的化简及变换中经常用到。表 2-10 中的公式可以通过真值表法、归纳法或公式法来证明。

【例 2-1】 证明表 2-10 中分配律 $A+B \cdot C=(A+B) \cdot (A+C)$。

证明： 假设分配律以前的公式成立，则有

$$A+B \cdot C = A(1+B+C)+BC$$
$$= A+AB+AC+BC$$
$$= AA+AB+AC+BC$$
$$= (AA+AC)+(AB+BC)$$
$$= A(A+C)+B(A+C)$$
$$= (A+B) \cdot (A+C)$$

表 2-10 中，有些公式与普通代数中的公式相同，但有些公式是逻辑代数中特有的，如例 2-1 中证明的加对乘的分配律就是逻辑代数中特有的公式。

【例 2-2】 用真值表法证明摩根定律。

解： 将 A、B 的所有取值组合代入摩根定律表达式的两边，将取值对应列成如表 2-11 所示的真值表。

表 2-11　证明摩根定律的真值表

AB	$\overline{A \cdot B}$	$\overline{A}+\overline{B}$	$\overline{A+B}$	$\overline{A} \cdot \overline{B}$
00	1	1	1	1
01	1	1	0	0
10	1	1	0	0
11	0	0	0	0

由表 2-11 可知，等式两边的真值表相同，故有等式 $\overline{A \cdot B}=\overline{A}+\overline{B}$ 和 $\overline{A+B}=\overline{A} \cdot \overline{B}$ 成立。

2.2.2　逻辑代数的基本定理

逻辑代数中的主要定理有代入定理、反演定理和对偶定理等。

1. 代入定理

在一个逻辑等式中，若将等式两边出现的某变量 A 都用同一个逻辑式替代，则替代后等式仍然成立，这个规则称为"代入定理"。

代入定理的正确性是由逻辑变量的二值性保证的，因为逻辑变量只有 0 和 1 两种取值，无论 $A=0$ 还是 $A=1$，代入逻辑等式后，等式一定成立。

代入定理在推导公式中有很大用途，将已知等式中的某一个变量用任意一个等式代替后，得到一个新的等式，扩大了等式的应用范围。

【例 2-3】 已知 $\overline{A \cdot B}=\overline{A}+\overline{B}$，试证明 $\overline{A \cdot B \cdot C}=\overline{A}+\overline{B}+\overline{C}$。

证明： 将等式 $\overline{A \cdot B}=\overline{A}+\overline{B}$ 中两边的变量 B 都用同一个等式 $M=B \cdot C$ 替代

$$\overline{A \cdot M}=\overline{A}+\overline{M}$$

$$\overline{A \cdot (B \cdot C)} = \overline{A} + \overline{B \cdot C}$$

$$\overline{A \cdot B \cdot C} = \overline{A} + \overline{B \cdot C} = \overline{A} + \overline{B} + \overline{C}$$

例 2-3 证明了摩根定律的一个推广等式，另一等式可以用类似方法证明。

2. 反演定理

对于任何一个逻辑式 Y，若将式中所有的"·"换成"+"，"+"换成"·"，0 换成 1，1 换成 0，原变量换成反变量，反变量换成原变量，则可以得到原逻辑式 Y 的反逻辑式 $\overline{Y}$，这种变换规则称为"反演定理"。

在应用反演定理变换时，必须注意以下问题：

(1) 变换后要保持变换前的运算优先顺序，必要时可以加括号表明运算的顺序。

(2) 反变量换成原变量只对单个变量有效，而"与非"及"或非"等运算的长非号则保存不变。

【例 2-4】 已知逻辑式 $Y = A \cdot \overline{B + C} + CD$，试用反演定理求其反逻辑式 $\overline{Y}$。

解：根据反演定理可以得到

$$\overline{Y} = \overline{A \cdot \overline{B + C} + CD}$$

$$= (\overline{A} + \overline{\overline{B} \cdot \overline{C}})(\overline{C} + \overline{D})$$

$$= (\overline{A} + B + C)(\overline{C} + \overline{D})$$

$$= \overline{A}\,\overline{C} + \overline{A}\,\overline{D} + B\overline{C} + B\overline{D} + C\overline{D}$$

反演定理的意义在于，利用它可以比较容易地求出一个逻辑式的反逻辑式。

利用摩根定律也可以求一个逻辑式的反逻辑式，它只是反演定理的一个特例，只需要对原逻辑式的两边同时求反，然后用摩根定律变换即可。

【例 2-5】 用摩根定律求 $Y = \overline{A} \cdot \overline{B} + C \cdot D$ 的反逻辑式 $\overline{Y}$。

解：由摩根定律得

$$\overline{Y} = \overline{\overline{A} \cdot \overline{B} + C \cdot D}$$

$$= \overline{\overline{A} \cdot \overline{B}} \cdot \overline{C \cdot D}$$

$$= (A + B) \cdot (\overline{C} + \overline{D})$$

$$= A\overline{C} + A\overline{D} + B\overline{C} + B\overline{D}$$

可见，若用反演定理，则可以很容易地写出 Y 的反逻辑式。

3. 对偶定理

对于任何一个逻辑式 Y，若将式中所有的"·"换成"+"，"+"换成"·"，0 换成 1，1 换成 0，则可以得到新逻辑式 Y'。Y 和 Y' 互为对偶式，这种变换规则称为"对偶定理"。

进行对偶变换时，要注意保持变换前运算的优先顺序不变。

【例 2-6】 已知逻辑式 $Y_1 = \overline{\overline{A + B + \overline{C}}}$，$Y_2 = \overline{\overline{A} \cdot \overline{B} \cdot \overline{C}}$，分别求它们的对偶式。

解：根据对偶定理可得

$$Y_1' = \overline{\overline{A} \cdot B \cdot \overline{C}}$$

$$Y_2' = \overline{\overline{A} + B + \overline{\overline{C}}}$$

对偶定理的意义在于，若两个逻辑式相等，则其对偶式也一定相等。

利用对偶定理，可以把逻辑代数的基本公式扩展一倍，如表 2 - 10 中对应的两列公式互为对偶式。

【例 2 - 7】　求逻辑式 $Y=(A+\overline{C})\overline{B}+A(\overline{B}+\overline{C})$ 的对偶式 Y'。

解：根据对偶定理可得

$$Y'=(A\cdot\overline{C}+\overline{B})\cdot(A+\overline{B}\cdot\overline{C})$$
$$=(A+\overline{B})(\overline{C}+\overline{B})(A+\overline{B})(A+\overline{C})$$
$$=(A+\overline{B})(\overline{C}+\overline{B})(A+\overline{C})$$
$$=(A+\overline{C})\overline{B}+A(\overline{B}+\overline{C})$$
$$=Y$$

由计算结果可知，逻辑式 $Y=Y'$，称其为自对偶逻辑式。

2.2.3　逻辑代数的常用公式

利用表 2 - 10 中的基本公式以及逻辑代数的基本定理，可以得到很多的常用公式，熟练掌握和使用它们将对化简逻辑函数带来极大便利。

1. 公式 1：$A+\overline{A}B=A+B$

证明：由表 2 - 10 中的加对乘的分配律公式可得

$$A+\overline{A}B=(A+\overline{A})(A+B)=A+B$$

公式 1 的含义：两个乘积项相加时，若一项取反后是另一项的因子，则此因子是多余的，可以消去。

根据对偶定理，将公式 1 的等号两边求对偶可得

$$A(\overline{A}+B)=AB$$

2. 公式 2：$AB+A\overline{B}=A$

证明：由表 2 - 10 中的乘对加的分配律公式可得

$$AB+A\overline{B}=A(B+\overline{B})=A$$

公式 2 的含义：在"浴火"表达式中，若两个"与"项分别包含了一个变量的原变量和反变量，而其余因子又相同，则这两个"与"项可以合并成一项，保留其相同的因子。

根据对偶定理，将公式 2 的等号两边求对偶可得

$$(A+B)(A+\overline{B})=A$$

3. 公式 3：$AB+\overline{A}C+BC=AB+\overline{A}C$

证明：由互补律公式可得

$$AB+\overline{A}C+BC=AB+\overline{A}C+BC(A+\overline{A})$$
$$=AB+\overline{A}C+ABC+\overline{A}CB$$
$$=AB+\overline{A}C$$

推论：$AB+\overline{A}C+BCD\cdots=AB+\overline{A}C$

证明：由公式 3 可得

$$AB+\overline{A}C+BCD\cdots=AB+\overline{A}C+BC+BCD\cdots$$
$$=AB+\overline{A}C+BC$$
$$=AB+\overline{A}C$$

公式 3 的含义：在一个"与或"表达式中，若一个"与"项包含了一个变量的原变量，而另一个"与"项包含了这个变量的反变量，则这两个"与"项中其余因子的乘积构成的第三项是多余的，可以消去。因此，有时也将这两个公式称为冗余律。

根据对偶定理，将公式 3 的等号两边求对偶可得

$$(A+B)(\overline{A}+C)(B+C)=(A+B)(\overline{A}+C)$$

4. 公式 4： $\overline{\overline{A}B+A\overline{B}}=\overline{A}\,\overline{B}+AB$

证明： 由反演律得

$$\overline{\overline{A}B+A\overline{B}}=(\overline{\overline{A}B})\cdot(\overline{A\overline{B}})$$
$$=(A+\overline{B})(\overline{A}+B)$$
$$=A\overline{A}+AB+\overline{A}\,\overline{B}+B\overline{B}$$
$$=\overline{A}\,\overline{B}+AB$$

由于 $A\oplus B=\overline{A}B+A\overline{B}$，$A\odot B=\overline{A}\,\overline{B}+AB$，所以公式 4 可以写为

$$\overline{A\oplus B}=A\odot B$$

利用基本公式和基本定理还可以导出更多公式，此处不再赘述。

2.2.4 异或运算公式

异或逻辑是一种两变量逻辑关系，可用逻辑函数表示为

$$Y=A\oplus B=\overline{A}B+A\overline{B}$$

式中：$\oplus$ 为异或运算的运算符。

异或逻辑的功能是：变量 A、B 取值相同，Y 为 0；变量 A、B 取值相异，Y 为 1。实现异或运算的逻辑门称为异或门。根据异或逻辑的定义可知以下公式：

$$A\oplus 0=A$$
$$A\oplus 1=\overline{A}$$
$$A\oplus A=0$$
$$A\oplus\overline{A}=1$$

当多个变量进行异或运算时，可用两两运算的结果再运算，也可两两依次运算。例如：

$$Y=A\oplus B\oplus C\oplus D=(A\oplus B)\oplus(C\oplus D)=[(A\oplus B)\oplus C]\oplus D$$

在进行异或运算的多个变量中，若有奇数个变量的值为 1，则运算结果为 1；若有偶数个变量的值为 1，则运算结果为 0。

2.3 逻辑函数的表达式

任何一个逻辑函数，其表达式的形式都不是唯一的。

2.3.1　逻辑函数的基本表达式

逻辑函数表达式有"与-或"表达式和"或-与"表达式两种基本形式。

1. 与-或表达式

所谓与-或表达式，是指由若干与项进行或运算构成的表达式。每个与项可以是单个变量的原变量或者反变量，也可以由多个原变量或者反变量相与组成。例如，$\overline{A}B$、$A\overline{B}C$、$\overline{C}$ 均为与项，将这 3 个与项相或便可构成一个 3 变量函数的与-或表达式，即

$$F(A,B,C)=\overline{A}B+A\overline{B}C+\overline{C}$$

与项有时又被称为积项，相应地与-或表达式又称为"积之和"表达式。

2. 或-与表达式

所谓或-与表达式，是指由若干或项进行与运算构成的表达式。每个或项可以是单个变量的原变量或者反变量，也可以由多个原变量或者反变量相或组成。例如，$(\overline{A}+B)$、$(B+\overline{C})$、$(A+\overline{B}+C)$、$\overline{D}$ 均为或项，将这 4 个或项相与便可构成一个 4 变量函数的或-与表达式，即

$$F(A,B,C,D)=(\overline{A}+B)(B+\overline{C})(A+\overline{B}+C)\overline{D}$$

或项有时又被称为和项，相应地或-与表达式又称为"和之积"表达式。

通常逻辑函数表达式可以被表示成任意的混合形式，如函数 $F(A,B,C)=(A\overline{B}+C)(\overline{A}+\overline{BC})+\overline{B}$ 既不是与-或表达式也不是或-与表达式，但不论什么形式都可以变换成上述两种基本形式。

2.3.2　逻辑函数的标准表达式

逻辑函数的两种基本形式都不是唯一的。为了在逻辑问题的研究中使逻辑函数能和唯一的表达式对应，引入了逻辑函数表达式的标准形式。

1. 最小项和最大项

逻辑函数表达式的标准形式是建立在最小项和最大项概念的基础之上的。

1）最小项的定义和性质

定义： 如果一个具有 n 个变量的函数的与项包含全部 n 个变量，每个变量都以原变量或反变量形式出现，且仅出现一次，那么该与项被称为最小项。有时又将最小项称为标准与项。

由定义可知，n 个变量可以构成 2^n 个最小项。例如，3 个变量 A、B、C 可以构成 $\overline{A}\,\overline{B}\,\overline{C}$，$\overline{A}\,\overline{B}C$，$\cdots$，$ABC$ 共 8 个最小项。

为了书写方便，在变量个数和变量顺序确定之后，通常用 m_i 表示最小项。下标 i 的取值规则是：按照变量顺序将最小项中的原变量用 1 表示，反变量用 0 表示，由此得到一个二进制数，与该二进制数对应的十进制数即下标 i 的值。例如，3 个变量 A、B、C 构成的最小项 $AB\overline{C}$ 可用 m_5 表示。

最小项具有如下性质：

性质 1：任意一个最小项，其相应变量有且仅有一种取值使这个最小项的值为 1。并且，最小项不同，使其值为 1 的变量取值也不同。

显然，在由 n 个变量构成的任意与项中，最小项是使其值为 1 的变量取值组合数最少的一种与项，因而将其称为最小项。

性质 2：相同变量构成的两个不同最小项相与为 0。

因为任何一种变量取值都不可能使两个不同最小项同时为 1，所以相与为 0。

性质 3：n 个变量的全部最小项相或为 1。通常借用数学中的累加符号"$\sum$"，将其记为

$$\sum_{i=0}^{2^n-1} m_i = 1$$

性质 4：n 个变量构成的最小项有 n 个相邻最小项。

相邻最小项是指除一个变量互为相反外，其余部分均相同的最小项，如 $\overline{A}BC$ 和 $\overline{A}\overline{B}\overline{C}$。

2) 最大项的定义和性质

定义：如果一个具有 n 个变量的函数的或项包含全部 n 个变量，每个变量都以原变量或反变量形式出现，且仅出现一次，那么该或项被称为最大项。有时又将最大项称为标准或项。

n 个变量可以构成 2^n 个最大项。例如，3 个变量 A、B、C 可构成 $A+B+C$，…，$\overline{A}+\overline{B}+\overline{C}$ 共 8 个最大项。

为了书写方便，在变量个数和变量顺序确定之后，通常用 M_i 表示最大项。下标 i 的取值规则是：按照变量顺序将最大项中的原变量用 0 表示，反变量用 1 表示，由此得到一个二进制数，与该二进制数对应的十进制数即下标 i 的值。例如，3 个变量 A、B、C 构成的最大项 $\overline{A}+B+\overline{C}$ 可用 M_5 表示。

最大项具有如下性质：

性质 1：任意一个最大项，其相应变量有且仅有一种取值使这个最大项的值为 0。并且，最大项不同，使其值为 0 的变量取值也不同。

由此可见，在由 n 个变量构成的任意或项中，最大项是使其值为 1 的变量取值组合数最多的一种或项，因而将其称为最大项。

性质 2：相同变量构成的两个不同最大项相或为 1。

因为任何一种变量取值都不可能使两个不同最大项同时为 0，所以相或为 1。

性质 3：n 个变量的全部最大项相与为 0。通常借用数学中的累乘符号"$\prod$"，将其记为

$$\prod_{i=0}^{2^n-1} M_i = 0$$

性质 4：n 个变量构成的最大项有 n 个相邻最大项。

相邻最大项是指除一个变量互为相反外，其余变量均相同的最大项。

2 变量最小项、最大项真值表如表 2-12 所示。该真值表体现了最小项、最大项的有关性质。

表 2-12　2 变量最小项、最大项真值表

变量	最　小　项				最　大　项			
AB	$\overline{A}\,\overline{B}$	$\overline{A}B$	$A\overline{B}$	AB	$A+B$	$A+\overline{B}$	$\overline{A}+B$	$\overline{A}+\overline{B}$
	m_0	m_1	m_2	m_3	M_0	M_1	M_2	M_3
00	1	0	0	0	0	1	1	1
01	0	1	0	0	1	0	1	1
10	0	0	1	0	1	1	0	1
11	0	0	0	1	1	1	1	0

3）最小项和最大项的关系

在最小项、最大项的简写形式中，为什么在确定最小项 m_i 的下标 i 时，令标准与项中的反变量用 0 表示，原变量用 1 表示，而在确定最大项 M_i 的下标时，却令标准或项中的反变量用 1 表示，原变量用 0 表示呢？因为这样做可使在同一个问题中下标相同的最小项和最大项互为反函数。或者说，相同变量构成的最小项 m_i 和最大项 M_i 之间存在互补关系，即

$$\overline{m_i}=M_i \quad 或者 \quad m_i=\overline{M_i}$$

例如，由 3 变量 A、B、C 构成的最小项 m_3 和最大项 M_3 之间有

$$\overline{m_3}=\overline{\overline{A}\,\overline{B}\,C}=A+\overline{B}+\overline{C}=M_3$$

$$\overline{M_3}=\overline{A+\overline{B}+\overline{C}}=\overline{A}BC=m_3$$

2. 逻辑函数表达式的标准形式

逻辑函数表达式的标准形式有标准"与-或"表达式和标准"或-与"表达式两种类型。

1）标准与-或表达式

由若干最小项相或构成的逻辑表达式称为标准与-或表达式，也叫作最小项表达式。

例如，$\overline{A}\,\overline{B}C$、$\overline{A}BC$、$A\overline{B}\,\overline{C}$、$ABC$ 为由 3 个变量构成的 4 个最小项，对这 4 个最小项进行或运算，即可得到一个 3 变量函数的标准与-或表达式

$$F(A,B,C)=\overline{A}\,\overline{B}C+\overline{A}BC+A\overline{B}\,\overline{C}+ABC$$

该函数表达式又可简写为

$$F(A,B,C)=m_1+m_2+m_4+m_7=\sum m(1,2,4,7)$$

2）标准或-与表达式

由若干最大项相与构成的逻辑表达式称为标准或-与表达式，也叫作最大项表达式。

例如，$A+B+C$、$\overline{A}+B+\overline{C}$、$\overline{A}+\overline{B}+\overline{C}$ 为由 3 个变量构成的 3 个最大项，对这 3 个最大项进行与运算，即可得到一个 3 变量函数的标准或-与表达式

$$F(A,B,C)=(A+B+C)(\overline{A}+B+\overline{C})(\overline{A}+\overline{B}+\overline{C})$$

该函数表达式又可简写为

$$F(A,B,C)=M_0M_5M_7=\prod M(0,5,7)$$

2.3.3 各种逻辑函数表示方法的相互转换

将一个任意逻辑函数表达式转换成标准表达式有两种常用方式，一种是代数转换法，另一种是真值表转换法。

1. 代数转换法

所谓代数转换法，就是利用逻辑代数的公理、定理和规则进行逻辑变换，将函数表达式从一种形式转换为另一种形式。

用代数转换法求一个函数的标准与-或表达式，一般分为两步。第一步，将函数表达式转换成一般与-或表达式。第二步，反复使用 $X = X(Y + \overline{Y})$，将表达式中所有非最小项的与项扩展成最小项。

【例 2-8】 将逻辑函数表达式 $F(A，B，C) = \overline{(A\overline{B} + B\overline{C})\overline{A}\overline{B}}$ 转换成标准与-或表达式。

解： 第一步，将函数表达式转换成与-或表达式，即

$$F(A，B，C) = \overline{(A\overline{B} + B\overline{C})\overline{A}\overline{B}} = \overline{A\overline{B} + B\overline{C}} + AB$$
$$= (\overline{A} + B)(\overline{B} + C) + AB$$
$$= \overline{A}\,\overline{B} + \overline{A}C + BC + AB$$

第二步，把所得与-或表达式中的与项扩展成最小项。具体地说，若某与项缺少函数变量 Y，则用 $Y + \overline{Y}$ 和这一项相与，并把它拆开成两项，即

$$F(A，B，C) = \overline{A}\,\overline{B}(\overline{C} + C) + \overline{A}C(\overline{B} + B) + (\overline{A} + A)BC + AB(\overline{C} + C)$$
$$= \overline{A}\,\overline{B}\,\overline{C} + \overline{A}\,\overline{B}C + \overline{A}\,\overline{B}C + \overline{A}BC + \overline{A}BC + ABC + AB\overline{C} + ABC$$
$$= \overline{A}\,\overline{B}\,\overline{C} + \overline{A}\,\overline{B}C + \overline{A}BC + AB\overline{C} + ABC$$

该标准与-或表达式的简写形式为

$$F(A，B，C) = m_0 + m_1 + m_3 + m_6 + m_7 = \sum m(0，1，3，6，7)$$

当给定函数表达式为与-或表达式时，可直接进行第二步。

类似地，用代数转换法求一个函数的标准或-与表达式同样分为两步。第一步，将函数表达式转换成或-与表达式。第二步，反复用定理 $X = (X + \overline{Y})(X + Y)$ 把表达式中所有非最大项的或项扩展成最大项。

【例 2-9】 将逻辑表达式 $F(A，B，C) = \overline{AB + \overline{A}C} + \overline{B}C$ 转换成标准或-与表达式。

解： 第一步，将函数表达式转换成或-与表达式，即

$$F(A，B，C) = \overline{AB + \overline{A}C} + \overline{B}C = \overline{AB} \cdot \overline{\overline{A}C} + \overline{B}C$$
$$= (\overline{A} + \overline{B})(A + \overline{C}) + \overline{B}C$$
$$= [(\overline{A} + \overline{B})(A + \overline{C}) + \overline{B}] \cdot [(\overline{A} + \overline{B})(A + \overline{C}) + C]$$
$$= (\overline{A} + \overline{B} + \overline{B})(A + \overline{C} + \overline{B})(\overline{A} + \overline{B} + C)(A + \overline{C} + C)$$
$$= (\overline{A} + \overline{B})(A + \overline{B} + \overline{C})(\overline{A} + \overline{B} + C)$$

第二步，将所得或-与表达式中的非最大项扩展成最大项，即

$$F(A, B, C) = (\overline{A} + \overline{B})(A + \overline{B} + \overline{C})(\overline{A} + \overline{B} + C)$$

$$= (\overline{A} + \overline{B} + \overline{C})(\overline{A} + \overline{B} + C)(A + \overline{B} + \overline{C})(\overline{A} + \overline{B} + C)$$

$$= (A + \overline{B} + \overline{C})(\overline{A} + \overline{B} + C)(\overline{A} + \overline{B} + \overline{C})$$

该标准或-与表达式的简写形式为

$$F(A, B, C) = M_3 \cdot M_6 \cdot M_7 = \prod M(3, 6, 7)$$

当给定函数表达式为或-与表达式时，可直接进行第二步。

2. 真值表转换法

一个逻辑函数的真值表与它的最小项表达式具有一一对应的关系。如果在函数 F 的真值表中有 k 组变量取值使 F 的值为 1，其他变量取值下 F 的值为 0，那么，函数 F 的最小项表达式由这 k 组变量取值对应的 k 个最小项组成。因此，求一个函数的最小项表达式时，可以通过先列出该函数的真值表，然后根据真值表写出最小项表达式。

【例 2 - 10】 将函数表达式 $F(A, B, C) = A\overline{B} + BC\overline{B}$ 表示成最小项表达式。

解： 首先，列出 F 的真值表如表 2 - 13 所示，然后，根据真值表直接写出 F 的最小项表达式

$$F(A, B, C) = \sum m(2, 4, 5, 6)$$

表 2 - 13 函数 $F(A, B, C) = A\overline{B} + BC\overline{B}$ 的真值表

A	B	C	F
0	0	0	0
0	0	1	0
0	1	0	1
0	1	1	0
1	0	0	1
1	0	1	1
1	1	0	1
1	1	1	0

类似地，一个逻辑函数的真值表与它的最大项表达式之间同样具有一一对应的关系。如果在函数 F 的真值表中有 k 组变量取值使 F 的值为 0，其他变量取值下 F 的值为 1，那么，函数 F 的最大项表达式由这 k 组变量取值对应的 k 个最大项组成。因此，当求一个函数的最大项表达式时，可以先列出函数真值表，然后根据真值表直接写出最大项表达式。

【例 2 - 11】 将函数表达式 $F(A, B, C) = \overline{A}C + A\overline{B}\,\overline{C}$ 表示成最大项表达式。

解： 首先列出 F 的真值表如表 2 - 14 所示，然后根据真值表直接写出 F 的最大项表达式

$$F(A, B, C) = \prod M(0, 2, 5, 6, 7)$$

表 2-14　函数 $F(A，B，C)=\overline{A}C+A\overline{B}\,\overline{C}$ 的真值表

A	B	C	F
0	0	0	0
0	0	1	1
0	1	0	0
0	1	1	1
1	0	0	1
1	0	1	0
1	1	0	0
1	1	1	0

　　由于函数的真值表与函数的两种标准表达式之间存在一一对应的关系，而任何一个逻辑函数的真值表是唯一的，因此，任何一个逻辑函数的两种标准形式也是唯一的。

2.4　逻辑函数的化简法

2.4.1　逻辑函数化简的意义

　　逻辑函数表达式有各种不同的表示形式，即使同一类型的表达式也有繁简。对于某一个逻辑函数来说，尽管函数表达式的形式不同，但所描述的逻辑功能是相同的。在数字系统中，实现某一逻辑功能的逻辑电路的复杂性与描述该功能的逻辑表达式的复杂性直接相关。一般来说，逻辑函数表达式越简单，设计出来的相应逻辑电路也就越简单。这对于节省元件、优化生产工艺、降低成本、提高系统的可靠性、提高产品在市场中的竞争力非常重要。

　　逻辑函数的化简方法很多，常见的有代数化简法和卡诺图化简法。

2.4.2　逻辑函数的代数化简法

　　逻辑函数的代数化简法是运用逻辑代数的公式和定理等对逻辑函数进行化简，也叫公式化简法。代数化简法化简过程无确定规律可循，只能凭借化简者的经验和技巧。

　　（1）并项法：利用互补律 $A+\overline{A}=1$，可将两项合并为一项，并消去一对因子。

　　【例 2-12】　将逻辑函数 $Y=\overline{A}\overline{B}\overline{C}+A\overline{C}+\overline{B}\,\overline{C}$ 化简为最简"与-或"表达式。

　　解：
$$Y=\overline{A}\overline{B}\overline{C}+A\overline{C}+\overline{B}\,\overline{C}=\overline{A}\overline{B}\overline{C}+(A+\overline{B})\overline{C}$$
$$=\overline{A}\overline{B}\overline{C}+(\overline{\overline{A}\overline{B}})\overline{C}$$
$$=(\overline{A}\overline{B}+\overline{\overline{A}\overline{B}})\overline{C}$$
$$=\overline{C}$$

（2）吸收法：利用公式 $AB+\overline{A}C+BC=AB+\overline{A}C$ 和 $A+AB=A$，将多余项或因子吸收。

【例 2 - 13】 将逻辑函数 $Y=\overline{\overline{AB}+\overline{A}C}+\overline{B}C$ 化简为最简"与-或"表达式。

解：
$$Y=\overline{\overline{AB}+\overline{A}C}+\overline{B}C$$
$$=\overline{A}+\overline{B}+\overline{A}C+\overline{B}C$$
$$=(\overline{A}+\overline{A}C)+(\overline{B}+\overline{B}C)$$
$$=\overline{A}+\overline{B}$$

（3）配项法：利用公式 $A+A=A$、$A=AB+A\overline{B}$ 和 $AB+\overline{A}C=AB+\overline{A}C+BC$ 配项或增加多余项，再和其他项合并。

【例 2 - 14】 将逻辑函数 $Y=\overline{A}\,\overline{B}C+A\overline{B}C+ABC$ 化简为最简"与-或"表达式。

解：
$$Y=\overline{A}\,\overline{B}C+A\overline{B}C+ABC$$
$$=(\overline{A}\,\overline{B}C+A\overline{B}C)+(A\overline{B}C+ABC)$$
$$=\overline{B}C(\overline{A}+A)+AC(\overline{B}+B)$$
$$=C(\overline{B}+A)$$

（4）消去法：利用 $A+\overline{A}B=A+B$、$AB+\overline{A}C+BC=AB+\overline{A}C$ 和 $AB+\overline{A}C+BCD=AB+\overline{A}C$ 消去多余项。

【例 2 - 15】 将逻辑函数 $Y=AB+\overline{A}C+\overline{B}C$ 化简为最简"与-或"表达式。

解：
$$Y=AB+\overline{A}C+\overline{B}C$$
$$=AB+(\overline{A}+\overline{B})C$$
$$=AB+\overline{AB}C$$
$$=AB+C$$

2.4.3 逻辑函数的卡诺图化简法

卡诺图化简法比代数化简法方便、直观、规律性强，可直接写出函数的最简表达式，比较容易掌握，一般用于有 5 个变量以下的逻辑函数化简。

在卡诺图中，最小项满足下面三种情况中的一种（或一种以上）的称为几何相邻。

（1）相接：挨着的最小项。

（2）相对：一行或一列两头的最小项。

（3）相重：对折起来能够重合的最小项。

只有一个变量不同，其余变量都相同的两个最小项在逻辑上是相邻的。例如，$A\overline{B}C$ 和 $\overline{A}\,\overline{B}C$ 两个最小项，只有 A 的形式不同，其余变量都相同，所以 $A\overline{B}C$ 和 $\overline{A}\,\overline{B}C$ 是逻辑相邻的最小项。

卡诺图的相邻性保证了几何相邻的两个小方格所代表的最小项只有一个变量不同。因此，当相邻的小方格为 1 时，对应的最小项可以合并。合并所得的那个乘积项，消去不同变量，只保留相同的变量。这就是卡诺图化简法的规则。

1. 合并最小项规律

（1）若 2 个最小项逻辑相邻，则可合并为一项，同时消去一对互反变量。合并后的结果只剩下公共变量。

图 2-13 和图 2-14 中画出了 2 个最小项相邻的情况。对于图 2-13，m_0 和 m_2 相邻、m_3 和 m_2 相邻、m_5 和 m_7 相邻，所以合并时可以消去一对互反因子，如 $m_5 + m_7 = A\overline{B}C + ABC = AC$。

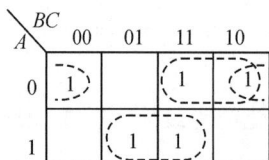

图 2-13 2 个最小项相邻(一)

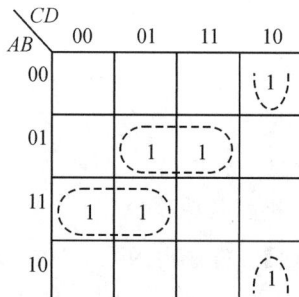

图 2-14 2 个最小项相邻(二)

（2）若 4 个最小项逻辑相邻，则可合并为一项，同时消去两对互反变量。合并后的结果只剩下公共变量。

例如，图 2-15 和图 2-16 虚线框中为 4 个最小项相邻的情况。图 2-16 中有 3 组 4 个最小项相邻情况，分别为 m_4、m_5、m_{12}、m_{13}，m_3、m_7、m_{11}、m_{15}，m_2、m_3、m_{10}、m_{11}。第 3 组合并得到

$$m_2 + m_3 + m_{10} + m_{11} = \overline{A}\,\overline{B}C\overline{D} + \overline{A}\,\overline{B}CD + A\overline{B}C\overline{D} + A\overline{B}CD$$
$$= \overline{A}\,\overline{B}C(D + \overline{D}) + A\overline{B}C(D + \overline{D})$$
$$= \overline{A}\,\overline{B}C + A\overline{B}C$$
$$= (\overline{A} + A)\overline{B}C$$
$$= \overline{B}C$$

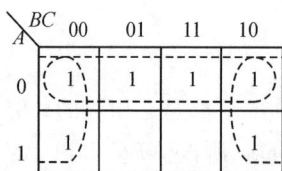

图 2-15 4 个最小项相邻(一)

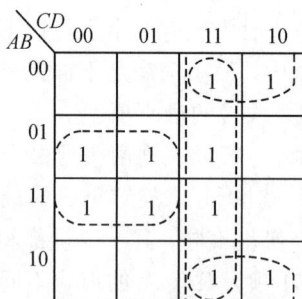

图 2-16 4 个最小项相邻(二)

（3）若 8 个最小项逻辑相邻，则可合并为一项，同时消去三对互反变量。合并后的结果只剩下公共变量。

例如，在图 2-17 中左右两列的 8 个最小项是相邻的，可以将它们合并为一项 $\overline{D}$，其他 3 个变量被消去了。

至此，可归纳出合并最小项的一般规律：在 n 个变量的卡诺图中，若有 2^k 个小方格逻

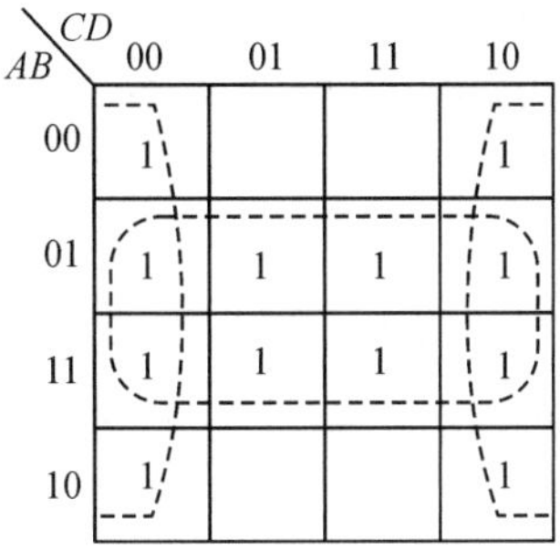

图 2-17 8 个最小项相邻

辑相邻,则它们可以圈在一起加以合并。合并时消去 k 个变量,简化为具有 $n-k$ 个变量的乘积项。若 k 等于 n 则可以消去全部变量,结果为 1。

2. 用卡诺图化简逻辑函数的步骤

卡诺图化简法也称为图形化简法,化简步骤如下:

(1) 绘制逻辑函数的卡诺图;

(2) 为填 1 的相邻最小项绘制包围圈;

(3) 分别写出各包围圈所覆盖的变量组合(乘积项);

(4) 将各包围圈对应的乘积项进行逻辑加,得到逻辑函数最简"与-或"表达式。

可见,利用卡诺图化简逻辑函数,较重要的步骤是绘制包围圈,这是能否正确化简逻辑函数的关键,其原则如下:

① 只有相邻的填 1 小方格才能合并,且每个包围圈内必须包围 $2m$ 个相邻的填 1 小方格;

② 为了充分化简,1 可以被重复圈在不同的包围圈中,但新绘制的包围圈中必须有未被圈过的 1;

③ 包围圈的个数尽量少,这样逻辑函数的"与"项就少;

④ 包围圈尽量大,这样消去的变量就多,与门输入端的数目就少;

⑤ 绘制包围圈时应全覆盖,即覆盖卡诺图中所有的 1。

【例 2-16】 用卡诺图将逻辑函数 $Y = \overline{B}CD + B\overline{C} + \overline{A}\ \overline{C}D + AB\overline{C}$ 化简为最简"与-或"表达式。

解:将逻辑函数用卡诺图表示,并绘制包围圈,如图 2-18 所示。

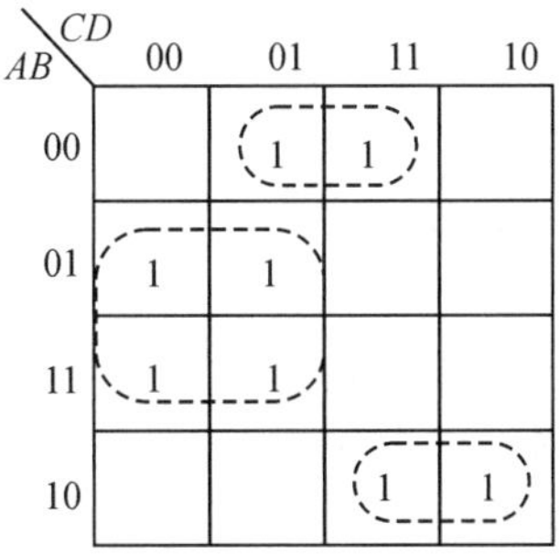

图 2-18 例 2-16 的卡诺图

第一行两个 1 方格的包围圈对应的乘积项为：$\overline{A}\,\overline{B}\,CD + \overline{A}\,BCD = \overline{A}\,BD$。第四行两个 1 方格的包围圈对应的乘积项为：$A\overline{B}CD + A\overline{B}C\overline{D} = A\overline{B}C$。中间四个 1 方格的包围圈对应的乘积项为：$\overline{A}BC\overline{D} + \overline{A}BCD + AB\overline{C}\,\overline{D} + AB\overline{C}D = B\overline{C}$。将三个乘积项求"或"得到结果，即

$$Y = \overline{A}\,\overline{B}D + A\overline{B}C + B\overline{C}$$

【例 2 - 17】 用卡诺图将逻辑函数 $Y = \sum m(0,2,5,7,8,10,12,14,15)$ 化简为最简"与-或"表达式。

解： 绘制 4 变量逻辑函数卡诺图，如图 2-19 所示。注意卡诺图 4 个角上的 1 方格也是循环相邻的，应圈在一起，故应绘制 4 个包围圈。将所有包围圈最小项的合并结果进行逻辑"或"运算，得到逻辑函数的最简"与-或"表达式为

$$Y = \overline{B}\,\overline{D} + A\overline{D} + \overline{A}BD + BCD$$

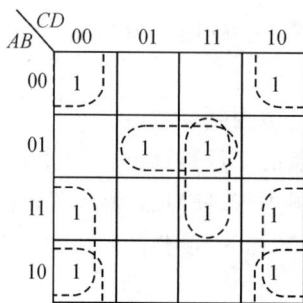

图 2-19 例 2-17 的卡诺图

本 章 小 结

（1）分析数字电路或数字系统的数学工具是逻辑代数。逻辑代数中的三种基本逻辑运算是"与""或""非"，复合逻辑运算包括"与非""或非""与或非""异或""同或"等。用以实现基本逻辑运算和复合逻辑运算的单元电路称为逻辑门电路。常用的门电路有"与门""或门""非门""与非门""或非门""与或非门""异或门""同或门"等。

（2）一个逻辑问题可用逻辑函数来描述，逻辑函数有真值表、逻辑表达式、卡诺图、逻辑图、波形图等几种常用表示方式，它们各具特点并且可以相互转换。逻辑函数有最小项表达式和最大项表达式两种标准形式。

（3）逻辑函数的代数化简法和卡诺图化简法是本章重点内容。代数化简法的优点是没有局限性，但没有固定模式可遵循，要求化简者不仅能熟练运用各种公式和定理，还要掌握一定的运算经验和技巧。卡诺图化简法的优点是简单、直观，而且有一定的化简步骤可循，不易出错，初学者较易掌握，但当逻辑变量超过 5 个时，图形复杂，无实用价值。

习　题　2

一、选择题

1. 以下表达式中符合逻辑运算法则的是（　　）。

A. $C \cdot C = C^2$　　　　B. $1 + 1 = 10$　　　　C. $0 < 1$　　　　D. $A + 1 = 1$

2. 逻辑变量的取值 1 和 0 不可以表示（　　）。

A. 开关的闭合、断开　　　　　　　　B. 电位的高、低

C. 真与假　　　　　　　　　　　　　D. 数字的大小

3. 当逻辑函数有 n 个变量时，共有（　　）个变量取值组合。

A. n　　　　　　B. $2n$　　　　　　C. n^2　　　　　　D. 2^n

4. 逻辑函数的表示方法中具有唯一性的是（　　）。

A. 真值表　　　　B. 逻辑表达式　　　C. 波形图　　　　D. 卡诺图

5. 逻辑函数 $F = A \oplus (A \oplus B) = （　　）$。

A. B　　　　　　B. A　　　　　　C. $A \oplus B$　　　　D. $\overline{\overline{A \oplus B}}$

6. $A + BC = （　　）$。

A. $A + B$　　　　　　　　　　　　　B. $A + C$

C. $(A + B)(A + C)$　　　　　　　　D. $B + C$

7. 在（　　）的情况下，"与非"运算的结果是逻辑 0。

A. 全部输入是 0　　　　　　　　　　B. 任一输入是 0

C. 仅一输入是 0　　　　　　　　　　D. 全部输入是 1

8. 在同一逻辑函数式中，下标号相同的最小项和最大项是（　　）关系。

A. 互补　　　　　　　　　　　　　　B. 相等

C. 没有关系　　　　　　　　　　　　D. 互反

二、填空题

1. 逻辑代数又称 _____ 代数。基本逻辑关系有 _____ 、 _____ 、 _____ 三种。常用的导出的逻辑运算为 _____ 、 _____ 、 _____ 、 _____ 、 _____ 。

2. 逻辑函数的常用表示方法有 _____ 、 _____ 、 _____ 。

3. 逻辑代数与普通代数相似的定律有 _____ 、 _____ 、 _____ 。摩根定律又称为 _____ 。

4. 逻辑函数 $F = B + D$ 的反函数为 _____ 。

5. 逻辑函数 $F = A(B + C) \cdot 1$ 的对偶函数为 _____ 。

6. 添加项公式 $AB + C + BC = AB + C$ 的对偶式为 _____ 。

7. 逻辑函数的化简方法主要有 _____ 化简法和 _____ 化简法两种。

三、简答题

1. 什么叫与、或、非逻辑？试列举几种相关实例。

2. 逻辑函数有哪些表示方法？

四、计算题

1. 将逻辑函数 $Y(A，B，C，D) = \sum m(0，2，5，6，7，8，9，10，11，14，15)$ 化简为最简与-或表达式。

2. 用公式法或真值表法证明等式 $A\overline{B} + BD + \overline{A}D + CD = A\overline{B} + D$。

3. 用卡诺图化简法求 $F_1(A，B，C，D) = \sum m(0，2，4，7，8，10，12，13)$ 的最简与-或表达式。

4. 将 $Y_1 = A\overline{B} + A\overline{C} + B\overline{C} + \overline{B}C + \overline{A}C + \overline{A}B$ 化简为最简与-或表达式。

第3章 逻辑门电路

本章导读

门电路是指输入与输出之间能满足某种逻辑关系的逻辑运算电路，是数字电路的基本逻辑单元。门电路一般由晶体二极管、晶体三极管和场效应管构成，利用它们的开关特性实现各种逻辑门电路。所以熟悉开关元件的开关特性是学习门电路的基础。本章首先介绍二极管、三极管的开关特性，接着介绍实现三种基本逻辑运算(即与、或、非)及复合逻辑运算的逻辑门电路，然后重点讨论目前广泛使用的 TTL 集成门电路(没有讨论 CMOS 集成门电路，有兴趣的读者可以自学)，最后对 ECL 门电路做了简单的介绍。在讨论这些电路时，主要是阐述它们的电路结构、工作原理、逻辑功能、技术参数以及应用举例，并指出实际应用中应注意的问题。

学习目标

(1) 学会分析二极管和三极管的开关特性；

(2) 理解三种基本的逻辑运算关系；

(3) 熟悉由三种基本的逻辑门构成复合逻辑门的逻辑关系；

(4) 了解 TTL 与非门电路的结构；

(5) 掌握 TTL 与非门的工作原理，并熟悉 TTL 与非门的外部特性参数；

(6) 掌握 OC 门和三态门的特征，了解其应用；

(7) 了解 ECL 门电路和实际使用集成电路的注意事项。

思政教学目标

通过逻辑门电路的学习，掌握各种器件的工作原理，理解科学探索的求真精神与创新意识；依托电路设计严谨性与实验操作规范性，锤炼精益求精的工匠品质；借助团队协作项目强化集体意识与职业责任感；结合芯片产业"卡脖子"困境与技术伦理议题，激发科技报国的使命感与"技术向善"的价值观。最终实现专业知识、实践能力与社会主义核心价值观的有机融合，为培养德技并修的高素质技术人才奠定思想基础。

3.1 开关元件的开关特性

开关元件一般有晶体二极管、三极管和 MOS 管。在工作时开关元件应具备两种工作状态，即导通状态和截止状态。在导通状态下，开关元件允许电信号通过，表现为阻抗很小，相当于短路；在截止状态下，开关元件禁止电信号通过，表现为阻抗很大，相当于开路。这就是开关元件的开关特性。

3.1.1 二极管的开关特性

图 3-1 为硅二极管的伏安特性曲线。当二极管两端加的正向电压小于死区电压时，二极管两端没有电流。当二极管两端的正向电压大于死区电压时，二极管正向电流明显上升，但是两端的电压 U_D 变化不大，通常硅管的 U_D 为 $0.6\sim0.7$ V，锗管为 $0.2\sim0.3$ V，此时，二极管处于导通状态，电阻较小。当二极管两端的正向电压小于死区电压 U_A，反向电压小于击穿电压，即二极管端电压在击穿电压与死区电压之间时，二极管的电流 $i_D \approx 0$，此时二极管处于截止状态，电阻很大。

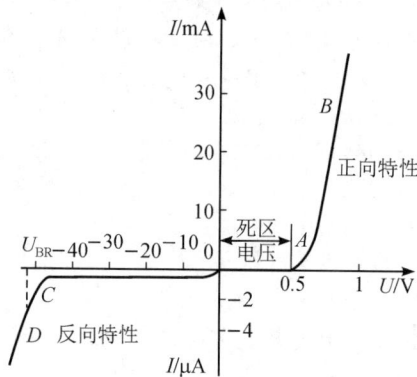

图 3-1 硅二极管的伏安特性曲线

由此可知，二极管作为电子开关的作用在于加到它两端的电压大小，如果正向电压大于工作电压，二极管导通，有较大的正向电流，二极管相当于开关接通，如图 3-2 所示。如果正向电压小于工作电压，二极管截止，二极管中几乎没有电流，二极管相当于开关断开，如图 3-3 所示。

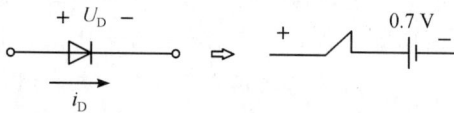

图 3-2 导通状态

图 3-3 截止状态

二极管的开关特性还表现为导通与截止两种不同状态之间的转换过程。当二极管从截止变为导通时，转变过程所需的时间非常短，对开关速度的影响可以忽略不计。当二极管从正向导通变为反向截止时，由于存在电荷存储效应，二极管有一个反向恢复过程，存在反向恢复时间，影响了二极管的开关速度。

3.1.2　三极管的开关特性

三极管的开关作用可以用如图 3-4 所示的共发射极电路和如图 3-5 所示的输出特性说明。由输出特性曲线可知，共发射极电路有截止区、放大区和饱和区三个区，即三极管工作的状态有截止状态、放大状态和饱和状态三种。

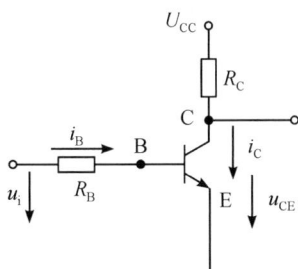

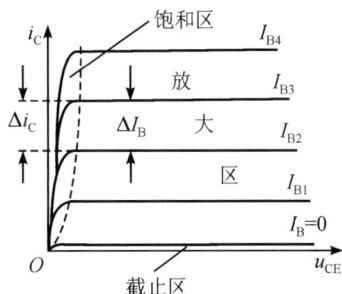

<table>
<tr><td>图 3-4　共发射极电路</td><td>图 3-5　输出特性曲线</td></tr>
</table>

当输入电压 u_i 小于 0 V 时，三极管发射结和集电结均发生偏置，三极管进入截止区，如图 3-5 所示的 $I_B=0$ 的曲线，这时 $i_C \approx 0$、$u_{CE} \approx U_{CC}$，三极管的 C、E 之间近似于开路，相当于开关的断开，三极管的工作状态处于截止状态。对于 NPN 型结构的硅管来说，在实际应用中，只要三极管 U_{BE} 小于发射结死区电压，即 $U_{BE} < 0.5$ V，三极管就处于截止状态。

当输入电压 u_i 正向增加到大于 0.7 V 时，硅管的发射结导通，随着 u_i 的增加，I_B 增加，i_C 也会增加，集电极电位随之减小，即

$$U_C = U_{CC} - i_C R_C$$

当集电极电位减小到低于基极电位时，三极管发射结和集电结均正向偏置，三极管进入饱和区，这时集电极电流 i_C 称为饱和电流，用 I_{CS} 表示，它基本上不随 I_B 的增加而增加，此时集电极电压称为饱和压降，用 U_{CES} 表示，即

$$u_{CE} = U_{CC} - I_{CS} R_C = U_{CES} \approx 0.3 \text{ V}$$

饱和压降 U_{CES} 也基本上不随 I_B 的增加而变化。由于 U_{CES} 很小，三极管的 C、E 之间近似于短路，相当于开关闭合，三极管的工作状态处于饱和状态。

由此可见，三极管可以看成一个由基极电流控制的无触点开关；当三极管截止时，开关断开；当三极管饱和时，开关闭合。

三极管是由两个二极管构成的，所以与二极管一样，三极管的开关过程也是内部电荷"建立"和"消散"的过程，因而需要一定的开关时间。三极管从截止到饱和所需的时间称为开通时间，从饱和到截止所需的时间称为关闭时间，开通时间和关闭时间的总和称为三极管开关时间，一般在几十至几百纳秒的范围内。开关时间对电路的开关速度影响很大，开关时间越小，电路的开关速度就越快。

3.2 分立元件门

由电阻、电容、二极管、三极管等分立元件构成的逻辑门称为分立元件门。分立元件门的体积大、耗电高、故障多，现在已很少使用。学习分立元件门是学习逻辑门电路的基础，门电路是构成逻辑系统的主要部件之一，也是由中大规模集成电路组成的数字系统和微机系统中不可缺少的电路。

本书介绍的门电路均采用正逻辑，即用"1"表示输入/输出高电平（H电平），用"0"表示输入/输出低电平（L电平），推导出电路真值表及其函数表达式，则得到正逻辑关系的表示方式。如果用"0"表示输入/输出高电平，用"1"表示输入/输出低电平，推导出电路真值表及其函数表达式，则得到负逻辑关系的表示方式。

对于同一电路，可以采用正逻辑，也可以采用负逻辑。正负逻辑的规定不会影响逻辑的结构与性能好坏，但不同的规定可使同一电路具有不同的逻辑功能，如同一个逻辑门，在正逻辑下实现的是"与"运算，而在负逻辑下实现的是"或"运算。

3.2.1 二极管与门

输出与输入之间能满足"与"逻辑关系的电路，称为与门。与门电路如图3-6所示。与门电路是由半导体二极管组成的两输入端电路，其中 A、B 为输入变量，其值可在3 V和0 V两种电平下变化，Y 为输出变量。与门的逻辑符号如图2-2所示。

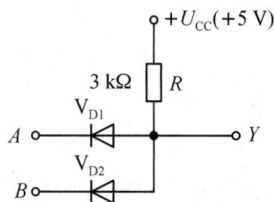

图3-6　二极管与门电路

当输入信号全为低电平0 V，即 $A=B=0$ V时，V_{D1} 和 V_{D2} 都导通，二极管导通后的钳位电压为0.7 V，输出 $Y=0.7$ V。

当输入 A 为低电平、B 为高电平，即 $A=0$ V、$B=3$ V时，V_{D1} 导通，由于二极管的钳位作用，$Y=0.7$ V，V_{D2} 被反偏截止。

当输入 B 为低电平、A 为高电平，即 $B=0$ V、$A=3$ V时，V_{D2} 导通，由于二极管的钳位作用，$Y=0.7$ V，V_{D1} 被反偏截止。

当输入信号全为高电平3 V，即 $A=B=3$ V时，V_{D1} 和 V_{D2} 都导通，二极管导通后的钳位电压为3.7 V，输出 $Y=3$ V$+0.7$ V$=3.7$ V。

综上所述，只有当电路的全部输入为高电平时，输出才是高电平，任一输入为低电平时，输出即为低电平，输出和输入之间符合"与"逻辑关系，所以把它称为与门。上述分析结果归纳如表3-1所示。

表 3 - 1 与门电路的功能表

输　　入		输　　出
A/V	B/V	Y/V
0	0	0.7
0	3	0.7
3	0	0.7
3	3	3.7

表 3-1 反映了与门输出与输入之间的功能关系,称为功能表。如果用"0"代表低电平(输入是 0 V,输出是 0.7 V),用"1"代表高电平(输入是 3 V,输出是 3.7 V),得到与门电路的真值表如表 3-2 所示。

表 3 - 2 与门电路的真值表

A	B	Y
0	0	0
0	1	0
1	0	0
1	1	1

由真值表可得输出函数 Y 的逻辑表达式为

$$Y = AB$$

从与门电路的真值表可看出,与门可以实现与逻辑运算。

逻辑门电路输出与输入之间的逻辑关系,除用功能表、真值表、逻辑图和逻辑表达式表示外,还可以用工作波形图来表示。图 3-7 为两输入端与门的工作波形图。工作波形图也称为时序图。

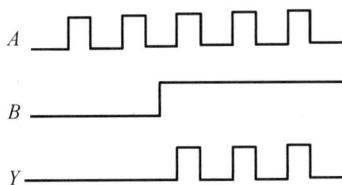

图 3 - 7 两输入端与门的工作波形图

图 3-7 中省去了坐标,横坐标表示的是时间,纵坐标表示的是幅度,没有坐标的图形更清晰,因此一般省去坐标。在与门的时序图中,不仅可以看出输出与输入之间的逻辑关系,还可以体现"门"的概念。假设 A 是输入信号,B 是控制信号,当 B 为低电平时,输出没有信号,此时,"门"处于关闭状态;当 B 为高电平时,输入 A 能通过电路,即输出 Y 与 A 的信号波形相同,此时,"门"处于打开状态。

3.2.2 二极管或门

由半导体二极管组成的两输入端或门电路如图 3-8 所示。或门的逻辑符号如图 2-4 所示。

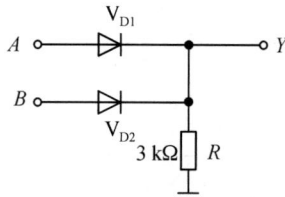

图 3-8 二极管或门电路

当输入信号全为低电平，即 $A = B = 0$ V 时，V_{D1} 和 V_{D2} 都截止，输出 $Y = 0$ V。

当输入 A 为低电平、B 为高电平，即 $A = 0$ V、$B = 3$ V 时，V_{D2} 导通，由于二极管的钳位作用，$Y = 2.3$ V，V_{D1} 被反偏截止。

当输入 B 为低电平、A 为高电平，即 $B = 0$ V、$A = 3$ V 时，V_{D1} 导通，由于二极管的钳位作用，$Y = 2.3$ V，V_{D2} 被反偏截止。

当输入信号全为高电平 3 V，即 $A = B = 3$ V 时，V_{D1} 和 V_{D2} 都导通，二极管导通后的钳位电压为 2.3 V，输出 $Y = 3$ V $- 0.7$ V $= 2.3$ V。

综上所述，只要电路中有任何一个输入端为高电平，输出就为高电平，输出和输入之间满足"或"逻辑关系，称为或门。或门电路的功能表如表 3-3 所示，其真值表如表 3-4 所示。

表 3-3 或门电路的功能表

输 入		输 出
A/V	B/V	Y/V
0	0	0
0	3	2.3
3	0	2.3
3	3	2.3

表 3-4 或门电路的真值表

A	B	Y
0	0	0
0	1	1
1	0	1
1	1	1

由真值表可得输出函数 Y 的逻辑表达式为

$$Y = A + B$$

从或门电路的真值表可看出，或门可以实现或逻辑运算。

两输入端或门的工作波形图如图 3-9 所示，从图中可以看出，假设 B 为控制信号，当 B 为低电平时，"门"处于打开状态，允许输入信号 A 通过到达输出；当 B 为高电平时，"门"处于关闭状态，输出没有信号。

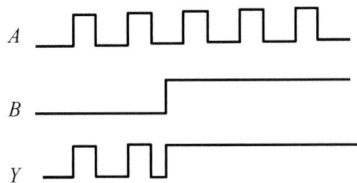

图 3-9 两输入端或门的工作波形图

【**例 3-1**】 门电路如图 3-10(a)、(b) 所示，已知 A、B、C 的波形图如图 3-10(c) 所示，试画出相应的输出 Y_1、Y_2 的波形图。

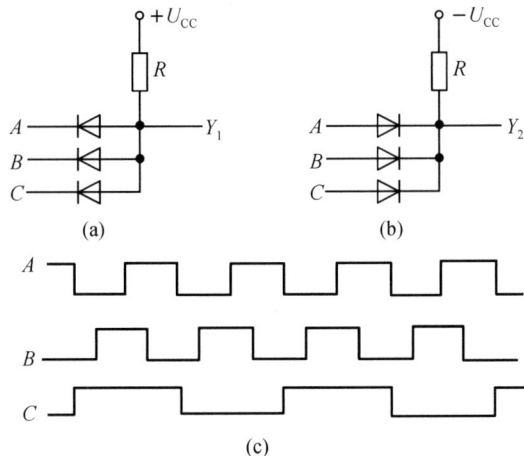

图 3-10 例 3-1 的门电路及波形图

解：根据分立器件与非门和或非门的特点可以得到，Y_1、Y_2 的波形图如图 3-11 所示。

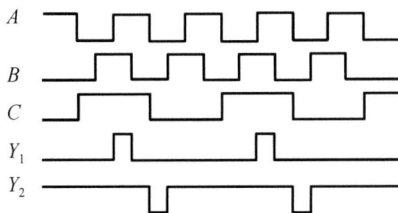

图 3-11 例 3-1 Y_1、Y_2 的波形图

3.2.3 三极管非门

三极管非门电路如图 3-12 所示，非门的逻辑符号如图 2-6 所示。电路中的负电源 U_{BB} 和电阻 R_2 的作用是：当输入为低电平时，使三极管的基极为负电位，保证三极管可靠

地截止。下面分析三极管非门电路的工作原理。

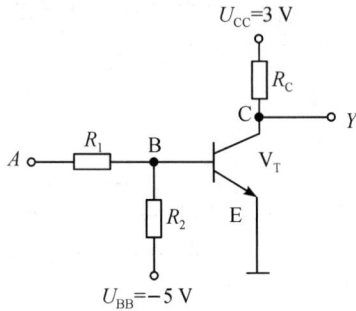

图 3-12　三极管非门电路

当输入电压为低电平，即 $A=0$ V 时，由于 A 与 $U_{BB}=-5$ V 分压后使三极管 V_T 的基极电平 $U_B<0$，因此三极管处于截止状态，$I_B=I_C\approx0$ V，输出端电压 Y 将接近于 U_{CC}，即 $Y\approx U_{CC}=3$ V。

当输入电压为高电平，即 $A=3$ V 时，三极管 V_T 发射结正向偏置，V_T 导通并处于饱和状态（可以设计电路使基极电流大于临界饱和基极电流，在这种情况下，三极管工作在饱和状态），$U_{CE}=0.3$ V，因此 $Y=0.3$ V。

综上所述，当电路的输入为低电平时输出为高电平，当输入为高电平时输出为低电平，输出与输入之间满足"非"逻辑关系，称为非门。

非门电路的功能表如表 3-5 所示，其真值表如表 3-6 所示。由真值表可得输出 Y 的逻辑表达式为

$$Y=\overline{A}$$

表 3-5　非门电路的功能表

输　入	输　出
A/V	Y/V
0	3
3	0.3

表 3-6　非门电路的真值表

A	Y
0	1
1	0

非门的工作波形图如图 3-13 所示。从图中可以看出，输出与输入波形有 $180°$ 的相位差，所以非门也称反相器。

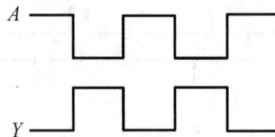

图 3-13　非门的工作波形图

【例 3-2】　非门电路如图 3-14 所示，已知 $\beta=30$，$U_{CC}=U_{EE}=12$ V，$U_{CES}=0.3$ V，$R_1=5.1$ kΩ，$R_C=2$ kΩ，$R_2=20$ kΩ，当 $U_i=0$ V、5 V、悬空时，求三极管的静态工作状态及 U_o 的值。

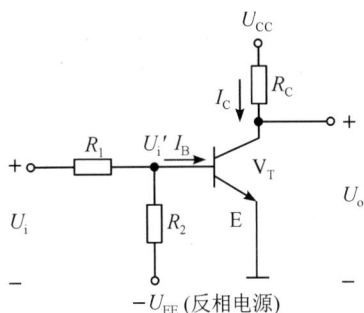

图 3-14　例 3-2 非门电路

解：根据电路分析，通过叠加定理可得

$$U_i' = \frac{R_2}{R_1 + R_2}U_i - \frac{R_1}{R_1 + R_2}U_{EE}$$

当 $U_i = 0$ 时，有

$$U_i' = \frac{R_2}{R_1 + R_2}U_i - \frac{R_1}{R_1 + R_2}U_{EE}$$

$$\approx -2.4\ \text{V} < 0.7\ \text{V}$$

三极管处于截止区，$U_o = 12\ \text{V}$。

当 $U_i = 5\ \text{V}$ 时，有

$$U_i' = \frac{R_2}{R_1 + R_2}U_i - \frac{R_1}{R_1 + R_2}U_{EE}$$

$$\approx 1.6\ \text{V} > 0.7\ \text{V}$$

三极管处于饱和区，$U_o = U_{CES} = 0.3\ \text{V}$。

当 U_i 悬空时，有

$$U_i' = -U_{EE} = -12\ \text{V} < 0.7\ \text{V}$$

三极管处于截止区，$U_o = 12\ \text{V}$。

3.2.4　复合逻辑门

逻辑代数中，由基本的与、或、非逻辑运算可以实现多种复合逻辑运算关系。实现复合逻辑运算的逻辑门称为复合逻辑门。常用的复合逻辑门有与非门、或非门、异或门和同或门。表 3-7 列出了常用复合逻辑门的逻辑门名称、符号、逻辑表达式、真值表及逻辑关系。

表 3-7　常用复合逻辑门

逻辑门名称	符　　号	逻辑表达式	真值表			逻辑关系
			A	B	Y	
与非门		$Y = \overline{AB}$	0 0 1 1	0 1 0 1	1 1 1 0	输入有 0，输出为 1；输入全 1，输出为 0

逻辑门名称	符 号	逻辑表达式	真值表	逻辑关系
或非门		$Y = \overline{A+B}$	$\begin{array}{ccc} A & B & Y \\ 0 & 0 & 1 \\ 0 & 1 & 0 \\ 1 & 0 & 0 \\ 1 & 1 & 0 \end{array}$	输入全0，输出为1；输入有1，输出为0
异或门		$Y = A\overline{B} + \overline{A}B$ $= A \oplus B$	$\begin{array}{ccc} A & B & Y \\ 0 & 0 & 0 \\ 0 & 1 & 1 \\ 1 & 0 & 1 \\ 1 & 1 & 0 \end{array}$	输入相同，输出为0；输入不同，输出为1
同或门		$Y = \overline{A \oplus B}$ $= A \odot B$	$\begin{array}{ccc} A & B & Y \\ 0 & 0 & 1 \\ 0 & 1 & 0 \\ 1 & 0 & 0 \\ 1 & 1 & 1 \end{array}$	输入相同，输出为1；输入不同，输出为0

【例 3 - 3】 已知逻辑门输入端 A、B 和输出端 Y 的波形图如图 3 - 15 所示，请写出逻辑门的逻辑表达式。

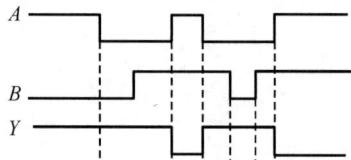

图 3 - 15　例 3 - 3 的波形图

解： 将波形图中各输入所对应的输出填入如表 3 - 8 所示的真值表中。

表 3 - 8　例 3 - 3 的真值表

A	B	Y
0	0	1
0	1	1
1	0	1
1	1	0

由真值表可判断出该逻辑门为与非门，逻辑表达式为

$$Y = \overline{AB}$$

3.3　TTL 集成门

在 TTL(Transistor-Transistor Logic，晶体管–晶体管逻辑)数字集成逻辑门电路中，输入和输出部分的开关元件均采用晶体管(又称双极型晶体管)，因此也得名 TTL 数字集成逻辑门电路，简称 TTL 集成门。这种门电路于 20 世纪 60 年代问世，随后经过对电路结构和集成工艺的不断改进，其性能得到不断完善，至今仍被广泛应用于各种中、小规模集成逻辑电路和数字系统。由于与非逻辑可以实现任意的逻辑运算，因此与非门是应用最广泛的逻辑门之一。本节首先介绍 TTL 与非门的工作原理、主要参数，然后介绍 TTL 集电极开路门和三态门，最后介绍 TTL 电路的系列产品。

3.3.1　TTL 与非门的工作原理

TTL 与非门的电路如图 3–16 所示。它由输入级、中间级(也称倒相级)和输出级三部分组成。

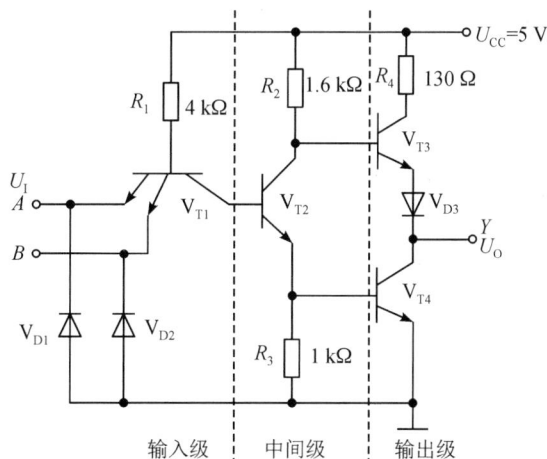

图 3–16　TTL 与非门电路

输入级由多发射极晶体管 V_{T1}、R_1 和二极管 V_{D1}、V_{D2} 构成。多发射极晶体管中的基极和集电极是共用的，发射极端是输入电压端，是独立的，它的作用与由二极管构成的与门的作用相似。V_{D1} 和 V_{D2} 是限幅二极管，它们的作用是限制输入负脉冲的幅度，保护输入级的三极管。中间级由 V_{T2}、R_2 和 R_3 构成，V_{T2} 集电极和发射极产生相位相反的信号，分别驱动 V_{T3} 和 V_{T4}，实现非门(即反相)的作用。输出级由 V_{T3}、V_{T4}、R_4 和 V_{D3} 构成，为推拉式输出，能够提高带负载的能力。

TTL 与非门电路的工作原理如下：

假设高电平为 3.6 V，低电平为 0.3 V；晶体管是硅三极管，发射结导通电压 $U_{BE} = 0.7$ V，晶体管饱和时饱和压降 $U_{CES} = 0.3$ V；二极管也是硅二极管，导通电压 $U_D = 0.7$ V。

当输入端有一个是低电平或两个都是低电平时，假定 A 端为 0.3 V，那么 V_{T1} 的 A 发射结导通，V_{T1} 的基极电平 $U_{B1} = U_A + U_{BE1} = 0.3 + 0.7 = 1\ V$。此时，$U_{B1}$ 作用于 V_{T1} 的集电结和 V_{T2}、V_{T4} 的发射结共三个 PN 结，U_{B1} 过低，不足以使 V_{T2} 和 V_{T4} 导通。因为要使 V_{T2} 和 V_{T4} 导通，至少需要 $U_{B1} = 2.1\ V$。当 V_{T2} 和 V_{T4} 截止时，电源 U_{CC} 通过电阻 R_2 向 V_{T3} 提供基极电流，使 V_{T3} 和 V_{D3} 导通，其电流流入负载。因为电阻 R_2 上的压降很小，可以忽略不计，所以其输出电平为

$$U_O = U_{CC} - U_{BE3} - U_{D3} = 5 - 0.7 - 0.7 = 3.6\ V$$

该电路实现了输入端只要有低电平，输出就为高电平的逻辑关系。

当输入端全为高电平，即输入端 A、B 都为高电平 $3.6\ V$ 时，电源 U_{CC} 通过电阻 R_1 先使 V_{T2} 和 V_{T4} 导通，使 V_{T1} 基极电平 $U_{B1} = 0.7 + 0.7 + 0.7 = 2.1\ V$，多发射极管 V_{T1} 的两个发射结处于截止状态，而集电结处于正向偏置的导通状态。这时 V_{T1} 起倒置作用，I_{B1} 电流流入 V_{T2} 的基极，只要合理选择 R_1、R_2 和 R_3，就可以使 V_{T2} 和 V_{T4} 处于饱和状态。由此，V_{T2} 集电极电平 U_{C2} 为

$$U_{C2} = U_{CE2} + U_{BE4} = 0.3 + 0.7 = 1\ V$$

U_{C2} 为 $1\ V$，不足以使 V_{T3} 和 V_{D3} 导通，故 V_{T3} 和 V_{D3} 截止。由于 V_{T4} 处于饱和状态，故 $U_{CE4} = 0.3\ V$，即 $U_O = 0.3\ V$。该电路实现了输入全为高电平，输出为低电平的逻辑关系。

综上所述，当输入有一个或两个为 $0.3\ V$ 时，输出为 $3.6\ V$；当输入全为 $3.6\ V$ 时，输出为 $0.3\ V$。该电路实现了与非门的逻辑关系。由于 V_{T4} 的状态决定输出是否为高、低电平，因此，人们将 V_{T4} 的状态作为与非门的状态。当 V_{T4} 截止时，称与非门处于截止状态或关门状态；当 V_{T4} 饱和导通时，称与非门处于导通或开门状态。

根据电路知识可知，当输入端全悬空，即输入端什么都不接时，电源 U_{CC} 可通过电阻 R_1 先使 V_{T2} 和 V_{T4} 导通，电路的工作情况与输入端全为高电平时相同；当输入端接地时，电路的工作情况与输入端接低电平时相同。对于普通 TTL 门电路，输入端悬空可视为输入高电平，输入端接地可视为输入低电平，当输入端信号不同时，逻辑门输出端禁止并用。在实际应用中，输入端悬空容易引入干扰，故对不用的输入端一般不悬空，要做相应的处理。

3.3.2 TTL 与非门的主要参数

从应用角度来看，了解集成电路的主要参数是很重要的，本节介绍的参数都是集成电路外部的特性参数。所谓外部特性，是指通过集成电路芯片引脚反映出来的特性。TTL 集成门的主要外部特性参数有输出输入逻辑电平、输入噪声容限、开门电阻和关门电阻、扇入扇出系数等。

1. 输出输入逻辑电平

前面介绍的高电平为 $3.6\ V$，用逻辑值"1"表示，低电平为 $0.3\ V$，用逻辑值"0"表示，这是高低电平的典型值。在实际应用中，由于受到噪声干扰，信号的高低电平会发生变化。为了保证逻辑门能正确实现逻辑运算，规定了高、低电平值的允许范围。

输出高电平（U_{OH}），是指逻辑门电路输出处于截止（或关门）状态时的输出电平，允许范围为 $2.4 \sim 5\ V$，典型值是 $3.6\ V$，最大值 $U_{OH(min)}$ 为 $2.4\ V$，由产品手册给出。

输出低电平（U_{OL}），是指逻辑门电路输出处于导通（或开门）状态时的输出电平，允许范围为 $0 \sim 0.4\ V$，典型值是 $0.3\ V$，最大值 $U_{OL(max)}$ 为 $0.4\ V$，由产品手册给出。

在 TTL 门电路中输出电平不允许出现在 $0.4 \sim 2.4$ V 之间，若电平值处于这个范围，就会造成逻辑上的混乱。

输入高电平 (U_{IH})，是指保证逻辑门电路处于开门状态的输入电平，典型值是 3.6 V，最小值 $U_{IH(min)}$ 为 2 V，由产品手册给出，又称为开门电平，用 U_{ON} 表示。

输入低电平 (U_{IL})，是指保证逻辑门电路处于关门状态的输入电平，典型值是 0.3 V，最大值 $U_{IL(max)}$ 为 0.8 V，由产品手册给出，又称为关门电平，用 U_{OFF} 表示。

2. 输入噪声容限

在输入端叠加噪声信号，只要这种噪声干扰不超过允许的界限，输出端的逻辑就不会发生变化，这种界限就是噪声容限。电路的噪声容限越大，说明电路的抗干扰能力越强。高电平噪声容限 U_{NH} 定义为

$$U_{NH} = U_{OH(min)} - U_{IH(min)}$$

低电平噪声容限 U_{NL} 定义为

$$U_{NL} = U_{IL(max)} - U_{OL(max)}$$

若已知 TTL 与非门的 $U_{OH(min)} = 2.4$ V，$U_{IH(min)} = 2$ V，$U_{OL(max)} = 0.4$ V，$U_{IL(max)} = 0.8$ V，则噪声容限为

$$U_{NH} = U_{OH(min)} - U_{IH(min)} = 2.4 \text{ V} - 2 \text{ V} = 0.4 \text{ V}$$
$$U_{NL} = U_{IL(max)} - U_{OL(max)} = 0.8 \text{ V} - 0.4 \text{ V} = 0.4 \text{ V}$$

因此，TTL 与非门电路的抗干扰能力为 0.4 V，也就是说，叠加在信号上的噪声电压不能超过 0.4 V，否则，逻辑门电路将会发生逻辑错误。

3. 开门电阻和关门电阻

当与非门的某一输入端通过电阻 R_I 接地，其他输入端均接高电平时，若 $R_I = \infty$，即输入端悬空（输入端接高电平），则与非门输出为低电平，处于开门状态；若 $R_I = 0$，即输入端接地（输入端接低电平），则与非门输出为高电平，处于关门状态。由此可知，输入电阻 R_I 的大小可以决定与非门的输出状态。

开门电阻 (R_{ON})，是指能使与非门可靠地工作在开门状态时的 R_I 所允许的最小值，典型值是 2.5 kΩ。对于大多数 TTL 门电路，只要 $R_I > 2.5$ kΩ，就相当于输入高电平。

关门电阻 (R_{OFF})，是指能使与非门可靠地工作在关门状态时的 R_I 所允许的最大值，典型值是 0.7 kΩ。对于大多数 TTL 与非门电路，只要 $R_I < 0.7$ kΩ，就相当于输入低电平。

4. 扇入扇出系数

扇入系数 N_I 是 TTL 与非门输入端的个数，一般 $N_I = 2 \sim 8$，即具有 $2 \sim 8$ 个输入端的与非门产品。

扇出系数 N_O 是 TTL 与非门能带同类门的个数，它代表逻辑门带负载的能力。下面以典型电路为例，分析它的扇出系数。扇出系数测量电路如图 3-17 所示，其中 G_0 为驱动门，$G_1 \sim G_N$ 为被驱动门，它们都是两输入端的与非门，即同类门，N 为要求的扇出系数。

首先求出 G_0 处于关门状态时的 N_O。关门状态时，与非门输出高电平，提供高电平电流 I_{OH}。此时，$G_1 \sim G_N$ 处于开门状态，G_0 向每个被驱动门的每个输入端都提供高电平输入电流 I_{IH}，总电流为 $2NI_{IH}$。这个总电流要小于驱动门的最大输出高电平电流 $I_{OH(max)}$，即

$$I_{OH(max)} \geqslant 2NI_{IH}$$

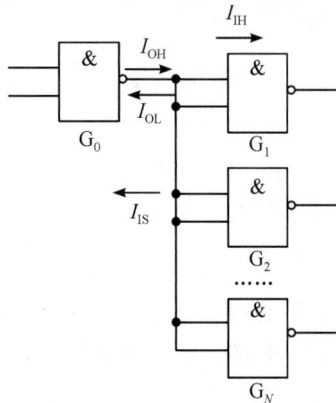

图 3-17 扇出系数测量电路

对于典型 TTL 与非门电路，$I_{OH(max)} = 0.8$ mA，$I_{IH} = 0.02$ mA，将值代入 $I_{OH(max)} \geqslant 2NI_{IH}$，可得 $N \leqslant 20$，即关门状态时的扇出系数为 20。

当与非门工作于开门状态时，输出低电平，提供低电平电流 I_{OL}。此时，$G_1 \sim G_N$ 处于关门状态，每个被驱动门都向 G_0 灌入输入短路电流 I_{IS}，总电流为 NI_{IS}。这个总电流要小于驱动门的最大输出低电平电流 $I_{OL(max)}$，即

$$I_{OL(max)} \geqslant NI_{IS}$$

对于典型 TTL 与非门电路，$I_{OL(max)} = 12$ mA，$I_{IS} = 1.4$ mA，将这两个值代入 $I_{OL(max)} \geqslant NI_{IS}$，可得 $N \leqslant 8$，即开门状态时的扇出系数为 8。

综上所述，典型 TTL 与非门电路的扇出系数 $N_O = 8$。

3.3.3 TTL 集电极开路门

TTL 集成门电路除与非门外，还有与门、或门、非门、或非门、与或非门、异或门、集电极开路门和三态输出门等产品。本小节介绍集电极开路门。

集电极开路门（Open Collector Gate），简称 OC 门，它在 TTL 与非门的基础上去掉了晶体管 V_{T3}、二极管 V_{D3} 和电阻 R_4，形成输出为集电极开路的结构，如图 3-18 所示，其逻辑符号如图 3-19 所示。

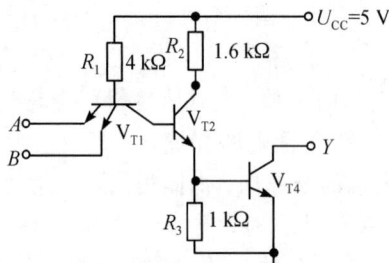

图 3-18 OC 门电路

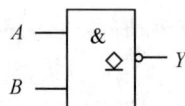

图 3-19 OC 门逻辑符号

当 OC 门电路工作在开门状态时，V_{T4} 饱和，输出为低电平 0.3 V；当电路工作在关门状态时，V_{T4} 截止，由于集电极开路，输出呈现高阻态。为了使电路具有高电平输出，必须在 OC 门输出端外加负载电阻 R_L 和电源 E_C，如图 3-20 所示，只有这样才能使电路具有与非功能。

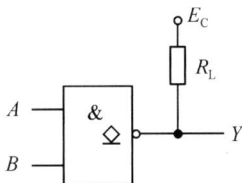

图 3-20　OC 门应用

OC 门的主要用途如下：

(1) OC 门可以用来驱动不同的负载，如电阻、继电器、发光二极管等。

(2) OC 门可以实现电平转换。改变电源 E_C 的值，就可以改变输出逻辑高电平的值，实现 TTL 电平到其他类型电路的电平转换。在数字系统应用中，经常需要电平转换。

(3) OC 门还可以实现"线与"。把若干个 OC 门的输出直接连在一起，具有与功能，称为"线与"。两个集电极开路与非门线与的连接电路如图 3-21 所示。从电路图中可以看出，当两个门中有任一个门为开门状态时，输出 Y 就是低电平；当两个门都工作在关门状态时，Y 才是高电平。两个门的输出构成"与"逻辑关系。

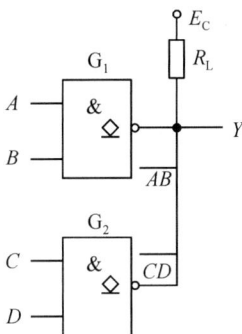

图 3-21　OC 门线与

值得注意的是，普通的 TTL 与非门是不允许线与的，即不能把两个普通的 TTL 与非门的输出直接连一起。因为普通 TTL 与非门采用的是推拉输出方式，不论门电路处于开门状态还是关门状态，输出都呈现低阻抗。把两个门的输出直接连接后，若一个门工作在关门状态（输出为高电平），而另一个门工作在开门状态（输出低电平），则会在两个门的内部形成过电流，进而损坏器件。

3.3.4　三态门

三态门（TS 门）是三态输出门（Three State Output Gate）的简称，它在 TTL 与非门的基础上增加了控制端和控制电路，其电路如图 3-22 所示，逻辑符号如图 3-23 所示。

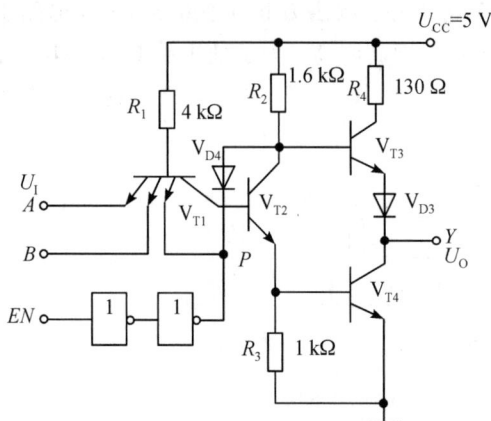

图 3-22 三态门电路

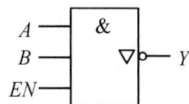

图 3-23 三态门逻辑符号

三态门的工作原理如下:

当 $EN=0$ 时,经过两个非门后,P 点为低电位,它是多发射极晶体管的一个输入信号,因此使 V_{T1} 达到深饱和,V_{T2}、V_{T4} 截止,同时由于 P 点为低电位,二极管 V_{D4} 导通,使 V_{T2} 集电极电位(即 V_{T3} 的基极电位)被钳位在 1 V 左右,V_{T3} 也处于截止状态。这时输出级 V_{T3}、V_{T4} 都处于截止状态,输出呈现高阻抗。

当 $EN=1$ 时,P 点为高电位,二极管 V_{D4} 截止,电路具有正常的与非功能。电路的输出由输入 A、B 决定,有低电平和高电平输出。在 EN 的控制下,电路有三种输出状态,即高电平、低电平和高阻态,因此称为三态输出门。

EN 为使能信号,对于如图 3-22 所示电路,当 $EN=0$ 时,门电路处于禁止工作状态,输出呈高阻态;当 $EN=1$ 时,电路处于正常工作状态,具有与非功能。高电平为 EN 控制信号的有效电平(即 EN 为高电平时电路正常工作),其逻辑符号如图 3-23 所示,逻辑符号的 EN 端没有小圆圈。

在如图 3-22 所示的电路中,若减少控制电路的一个非门,则当 $EN=0$ 时,电路处于正常工作状态,即低电平为 EN 控制信号的有效电平,逻辑符号的 EN 端带有小圆圈,表示信号为低电平有效。

3.3.5 TTL 电路的系列产品

TTL 电路采用双极型工艺制造,具有高速度和多品种等特点。从 20 世纪 60 年代开发成功第一代产品以来,有以下几代产品。

第一代 TTL 包括 SN54/74 系列(其中 SN54 系列工作温度为 $-55℃\sim+125℃$,SN74 系列工作温度为 $0℃\sim+75℃$),低功耗系列简称 LTTL,高速系列简称 HTTL。

第二代 TTL 包括肖特基钳位系列(STTL)和低功耗肖特基系列(LSTTL)。

第三代 TTL 包括采用等平面工艺制造的先进的 STTL(ASTTL)和先进的低功耗 STTL(ALSTTL)。由于 LSTTL 和 ALSTTL 的电路延时功耗积较小,STTL 和 ASTTL 的速度很快,因此它们获得了广泛的应用。

我国制定了国产半导体集成电路型号命名法(GB 3430—89),对应 74LS 系列的国标命名为 CT74LS，其中"C"代表中国制造，"T"代表 TTL。为了简化说明，本书介绍的 TTL 电路系列产品统一用 74 系列命名，如 74138、74148 等。

3.4　ECL 门电路

除了前面介绍的 TTL 是双极型集成电路，还有很多其他种类的双极型集成电路，如二极管三极管逻辑(DTL)电路、高阈值逻辑(HTL)电路、发射极耦合逻辑(ECL)电路、集成注入逻辑(I^2L)电路等。本节介绍发射极耦合逻辑电路，它是一种非饱和型逻辑电路，它从根本上改变了饱和型电路的工作方式，使逻辑电路的开关速度大大提高，是目前速度最快的一种数字集成电路。

3.4.1　ECL 电路的基本结构

ECL 电路的基本结构如图 3-24 所示，由图可知，V_{T1}、V_{T2}、V_{T3} 组成发射极耦合电路，U_{REF} 是固定的参考电压，A、B 是信号输入端，C_1 和 C_3 是信号输出端。

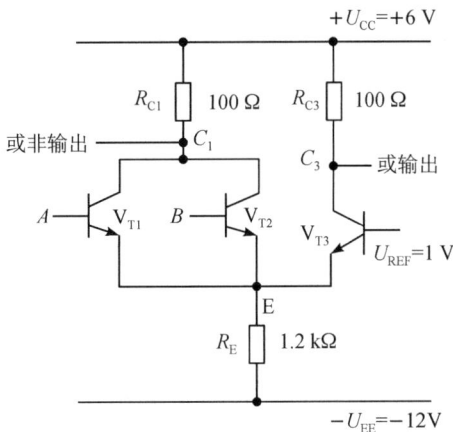

图 3-24　ECL 电路

ECL 门的工作原理如下：

当输入端 A、B 都接低电平 0，即 $U_A=0.5$ V，$U_B=0.5$ V 时，由于 $U_{REF}=1$ V，因此 V_{T3} 优先导通，这使得发射极 E 的电平 $U_E=U_{REF}-U_{BE3}=1$ V-0.7 V$=0.3$ V。对于 V_{T1}、V_{T2} 来说，由于基极与发射极之间的电压为 0.5 V-0.3 V$=0.2$ V，三极管是硅管，因而处于截止状态。这样流过 R_E 的电流将全部由 V_{T3} 提供，且发射极电流 I_E 为

$$I_E=\frac{U_E-(-U_{EE})}{R_E}=\frac{0.3\text{ V}+12\text{ V}}{1.2\text{ k}\Omega}\approx10\text{ mA}$$

$$U_{C3}=U_{CC}-I_ER_{C3}=6\text{ V}-10\text{ mA}\times0.1\text{ k}\Omega=5\text{ V}$$

而

$$U_{C1} = U_{CC} = 6 \text{ V}$$

由此可见，当输入为 0 时，V_{T1}、V_{T2} 截止，输出端 C_1 为高电平 1($+6$ V)，而 V_{T3} 导通，输出端 C_3 为低电平 0($+5$ V)。因为 $U_{B3} = U_{REF} = 1$ V，且 $U_{C3} = 5$ V，所以 V_{T3} 处于放大状态，并未达到饱和。

当输入端 A、B 中有一个接高电平 1，假设 $U_A = 1.5$ V、$U_B = 0.5$ V 时，由于 $U_A > U_{REF}$，所以 V_{T1} 优先导通，$U_E = 1.5$ V-0.7 V$=0.8$ V，对 V_{T3} 来说，这时基极电平比发射极电平高了 0.2 V，不能使 V_{T3} 的发射结导通，所以 V_{T3} 截止。流过 R_E 的电流由 V_{T1} 提供，电流 I_E 为

$$I_E = \frac{0.8 \text{ V} + 12 \text{ V}}{1.2 \text{ k}\Omega} \approx 10.6 \text{ mA}$$

$$U_{C1} = U_{CC} - I_E R_{C1} = 6 \text{ V} - 10.6 \text{ mA} \times 0.1 \text{ k}\Omega \approx 5 \text{ V}$$

$$U_{C3} = U_{CC} = 6 \text{ V}$$

此时，V_{T1} 处于放大状态。由于 V_{T1} 和 V_{T2} 的发射极和集电极是分别连在一起的，因此只要 A、B 中有一个接高电平，都会使 C_1 为低电平 0($+5$ V)，而 C_3 为高电平 1($+6$ V)。

综上所述，可得 C_1 和 C_3 的逻辑表达式为

$$C_1 = \overline{A + B}$$

$$C_3 = A + B$$

即 ECL 电路的基本逻辑功能是同时具备或非和或的输出。如果要扩展为多个输入端，只需增加相同类型的晶体管与 V_{T1} 并联即可。

3.4.2 ECL 门的工作特点

1. ECL 门的优点

ECL 门的主要优点有以下几点：

(1) ECL 门工作在截止区或放大区，集电极电平总高于基极电平，这就避免了晶体管因工作在饱和状态而产生的存储电荷问题。

(2) 逻辑电平的电压摆幅小，这不仅有利于电路的转换，而且可采用很小的集电极电阻 R_C。因此，ECL 门的负载电阻总是在几百欧的数量级，使输出回路的时间常数比一般饱和型电路小，有利于提高开关速度和带负载的能力。

(3) ECL 门同时具有或非和或两个功能，给逻辑组合带来很大方便。

2. ECL 门的缺点

ECL 门的速度快，常用于高速中小规模集成电路系统中，它的主要缺点有以下几点：

(1) 制造工艺要求高。

(2) 抗干扰能力较弱。因为 ECL 电路的逻辑电平电压摆幅小，所以噪声容限只有 0.2 V 左右。

(3) 电路功耗大，ECL 电路典型空载功耗为 25 mW，比 TTL 电路大得多。

(4) 输出电平受温度影响较大。

3.5　数字集成电路使用注意事项

3.5.1　TTL 电路使用注意事项

TTL 电路使用中应注意以下几点：

（1）TTL 电路电源电压应满足在规定中心值 5 V+10%变化，最大值不能超过 5.5 V。当电源通断瞬间变化，在电源布线上产生冲击电压时，应接入大容量电容或保护电路。

（2）当接入大于 100 pF 的容性负载时，输出端要串联 100～200 Ω 限流电阻，防止充放电电流过大而损坏电路。

（3）TTL 电路输出端所接负载不应超过规定扇出数，更不允许输出端直接接电源或地，这样连接相当于负载短路，可能会烧坏输出管。

（4）为了减少通过电源带来的干扰，TTL 电路特别是高速 TTL 电路必须加强电源引脚之间的去耦措施。采用的方法是：在每块装有集成电路的插件板上，在电源与地之间接 10～20 F 与 1000 pF～0.01 F 电容滤波网络（此方法也适用于 ECL、HCMOS 等高速电路）。

（5）TTL 电路体积较小，但功耗并不小，因此，在高密度安装时，要注意散热问题，防止温度过高影响工作特性。

（6）电路中多余不用的输入端不能悬空，应按不同电路要求或接地，或通过电阻接地，或接电源。

3.5.2　MOS 及 CMOS 电路使用注意事项

1. MOS 电路

由于器件内 MOS 管栅极与源极间隔离层是很薄的二氧化硅，因此输入阻抗很高（$>10^9$ Ω），这样输入端极易受外界静电干扰影响，当输入端静电能量积累到一定程度时，可能将二氧化硅层击穿，造成栅穿或栅漏现象。为了防止静电损害，在一般 MOS 器件输入电路中都设置了由二极管与电阻组成的静电保护电路。MOS 电路输入端尽管有了静电保护电路，但由于泄放速度与泄放电流限制，过强的外界静电感应仍然可能引起栅穿，为了避免栅穿，应该注意以下几点：

（1）在运输、存放、高温老化过程中，应用铝箔或导线将所有引线端短路，不能放在尼龙化学纤维等强静电塑料容器内运输、存放。

（2）不能在带电情况下插入、拔出或焊接电路。使用示波器测量 MOS 电路时需用 10 MΩ 探头，并使用尖而硬的探针，以防分流或引线短路。

（3）焊接用电烙铁、所用测试仪表等都要良好接地。

（4）工作台不能铺塑料板、橡皮垫等带静电物体。为了避免人体与衣服静电，可以将人体经 1 kΩ 左右电阻接地，或使用接地导体板工作台。

（5）高阻抗应用中不能连接低电阻情况下，应设法避开电场作用，不宜直接接收长线、远距离传送来的信号(要加缓冲电路,如用晶体管等)。

(6)电路中多余不用的输入端不允许悬空,但工作中可能出现悬空状态输入端,都应按不同电路要求采用不同措施,或接地,或通过电阻接地,或接电源。

2. CMOS 电路

除需注意上述各点外,还要注意 CMOS 特点带来的问题,对 400B 系列来说应注意以下几点:

(1)输入电压不允许超过电源电压范围 0.3 V 以上,或者说输入端电流不得超过 ±10 mA。在不能保证这点时,必须在输入端串联适当电阻来限流保护。

(2)只要不是空脚,各引脚上不应出现任何高电压或大电流,否则可能导致 CMOS 器件内固有寄生晶闸管触发(大约 1 mA 以上电流就可能触发导通)。一旦发生寄生晶闸管被触发情况,若电源不加限流,则会因电流过大使器件烧毁。一般电源限流在 30 mA 以内就可得到保护。

HCMOS 即 74HC 系列(包括 74HCT 系列),因为输入端内部串联有多晶硅电阻,允许输入电流较大(规范极限值可达+20 mA),使用电源电压低,寄生晶闸管一般不易发生受触发而导通现象。但考虑到 HCMOS 栅绝缘层更薄、更容易受静电感应损坏,所以防止静电破坏同样重要。

3.5.3 多余输入端与门电路处理

在应用数字集成电路时,常有一些输入端或单元电路用不完而多余出来,悬空会损坏器件或容易引入干扰。解决该问题的办法是将输入端进行适当连接。下面以 TTL 与 CMOS 门电路为例说明。

1. TTL 电路多余输入端处理

通常对于与门和与非门来讲,多余输入端应接高电平,对于或门和或非门则应接零电平;同一门多余端也可与使用端并联,但缺点是输入电容等会变大,对电路工作速度与功耗等有不利影响。TTL 电路多余端处理也离不开这些原则。

根据常用 TTL 门电路(主要是各种与非门、与非功率门、与或非门等)品类来看,多余端接高电平占大多数,接地较少。

对于多余端应接地的 TTL 门电路来讲,具体接法十分简单,只要把多余端直接接地即可,这类电路在常用 TTL 电路中主要是各种与或非门。

2. CMOS 电路多余输入端处理

CMOS 电路多余输入端处理要比 TTL 电路简单得多,根据不影响使用端逻辑功能原则,其处理方法是:或门和或非门多余输入端应接至 V_{SS} 端(地端),对于与门和与非门则接到 V_{CC}(正电源)端;对于电路中有时悬空有时与元器件连通的输入端(如与按钮开关或干簧管等连接的输入端),需要在悬空端与 V_{CC} 或 V_{SS} 间串联一个 100 kΩ~1 MΩ 电阻,使该输入端不失去功能。

采用输入端并联方法来处理 CMOS 多余端也是可行的,但要注意 CMOS 门电路阈值电平会随输入端并联数的不同而改变。一般,与门和与非门并联端数愈多,阈值电平则愈高,或门和或非门的并联端数愈多,阈值电平则愈低,尽管这种影响不大,但有些对阈值电平比较敏感的电路，如施密特触发器等来说，就需要予以考虑。此外，并联输入端使输入电容增大，对电路速度、功耗及前级电路负载能力等都有不利影响，但在低速电路中一般不必考虑。

3. 多余门电路处理

在使用一个封装外壳内含多个门的集成电路时，多余出个别门电路的情况是经常遇到的。处理这类完全空闲的门电路，TTL 与 CMOS 两者有一定区别。

就 TTL 电路来说，其原则是应使多余门处于输出高电平状态，这样就可以减少器件功耗，有利于提高可靠性。多余门输出高电平可作为 TTL 多余输入端输入电平。

对于 CMOS 电路，由于静态时无论输入高电平还是低电平，总是一个 MOS 管导通另一个 MOS 管截止，基本上没有沟道电流，因此决定其功耗的主要是芯片的泄漏电流。根据这点可知，对于多余 CMOS 门，可以把门输入端接 V_{CC} 或 V_{SS}，输出端则可以悬空不管。

其他双极型器件多余端处理原则与方法大多与 TTL 相似，MOS 型电路则与 CMOS 器件处理方法相似。

本 章 小 结

(1) 门电路是能实现某种逻辑运算的电路。由于晶体二极管、晶体三极管和场效应管具有开关特性，因此经常被用在门电路中。晶体二极管的开关特性是：工作在导通或截止状态，导通的条件是加在其两端的正向电压超过死区电压，截止的条件是加在其两端的电压大于反向电压而小于死区电压。晶体三极管的开关特性是：工作在饱和导通或截止状态，其饱和导通的条件是发射结和集电结均正向偏置（可以用 $U_{BE} > 0$ 且 $U_{BC} > 0$ 来表示），截止的条件是发射结和集电结均反向偏置（可以用 $U_{BE} < 0$ 且 $U_{BC} < 0$ 来表示）。场效应管的开关特性本书未做介绍，其原理和三极管类似，感兴趣的同学可以自学。

(2) 三种基本逻辑门（即与门、或门和非门）的逻辑关系可以用逻辑表达式、真值表、波形图和语言来描述。由三种基本逻辑门组成的复合逻辑门同样也可以这样表示。常见的复合逻辑门有与非门、或非门、与或非门、异或门和同或门。

(3) 逻辑有正逻辑和负逻辑之分，都可以用来表示逻辑关系。本书介绍的是正逻辑，即高电平用"1"表示，低电平用"0"表示。

(4) TTL 和 CMOS 集成电路是目前数字系统中应用最广的基本电路，CMOS 电路部分类似于 TTL 电路。本书重点讨论了 TTL 与非门电路的结构、工作原理、逻辑关系和外部特性参数，其外部特性参数主要有输入输出高低电平、扇入扇出系数、开门电阻、关门电阻和噪声容限。

(5) 采用 OC 门可以实现线与的逻辑功能，利用三态门可以构成传输数据总线。

(6) ECL 门电路中的晶体管可以不工作在饱和区，但是它的开关速度是众多逻辑门电路中最快的，具有工作速度快、逻辑电平摆幅小等特点，主要应用于大型计算机和高速实时数据处理系统中。

习 题 3

一、选择题

1. 下列不是基本逻辑门的是（　　　）。

A. 与门　　　　　　B. 与非门　　　　　　C. 或门　　　　　　D. 非门

2. 下列符合逻辑或运算规则的是（　　　）。

A. 1×1　　　　　　B. $1 + 1 = 0$　　　　　　C. $1 + 1 = 10$　　　　　　D. $1 + 1 = 1$

3. 用 TTL 系列逻辑门（$I_{OL(max)} = 16$ mA，$I_{OH(max)} = 0.4$ mA）驱动 $I_D = 10$ mA、$U_D = 1.5$ V 的发光二极管，应采用（　　　）。

A. 灌电流方式　　　　B. 拉电流方式　　　　C. A 和 B 均可

4. 在下列电路中，工作速度最快的门电路是（　　　），功耗最小的门电路是（　　　）。

A. TTL　　　　　　B. CMOS　　　　　　C. ECL

5. 多个门的输出端可以无条件连接在一起的门电路是（　　　）。

A. TTL 与非门　　　　B. OC 门　　　　　　C. 三态门

6. 在下述门电路中，开关元件工作于非饱和状态的是（　　　）。

A. TTL　　　　　　B. ECL　　　　　　C. OC 门

7. 需要外接电源和负载电阻的门是（　　　）。

A. TTL 与非门　　　　B. 三态门　　　　　　C. OC 门

8. 可以用于总线连接的门电路是（　　　）。

A. 三态门　　　　　　B. OC 门　　　　　　C. 普通与非门

二、填空题

1. 二极管作为电子开关是指二极管工作在_____或_____。

2. 0 和 1 作为逻辑值，并不表示数值的大小，而是表示_____的两个_____。

3. 常用的复合逻辑门有_____、_____和_____。

4. 数字电路中的逻辑状态是由_____来表示的。用电路的高电平代表_____，低电平代表_____，这种逻辑规定称为正逻辑。

5. TTL 与非门的输入高电平最小值为_____，这是保证门电路输出处于_____电平的_____输入电平，如果输入高电平小于这个最小值，那么门电路就_____。

6. TTL 门的输出负载电流 $I_{OH(max)}$ 和 $I_{OL(max)}$ 中，_____大，因此 TTL 门驱动负载时一般选用_____电流方式。

三、简答题

1. 晶体二极管的开关条件是什么？它在开、关状态下有什么显著特点？

2. 晶体三极管的截止区、饱和区和放大区是如何划分的？

3. 正逻辑是指什么？

4. 简述 TTL 与非门的工作原理。

5. TTL 与非门的输入噪声容限是怎样规定的？它与电路的抗干扰能力有什么关系？

四、综合题

1. 试画出如图 3-25 所示逻辑电路的输出端 B、C 的波形图,已知 A 的波形图如图 3-26 所示。

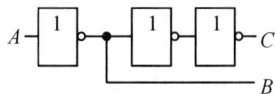

图 3-25　逻辑电路　　　　　　　　　图 3-26　A 的波形图

2. 试设计一逻辑电路,其信号 A 可以控制信号 B,使输出 Y 根据需要为 $Y = B$ 或 $Y = \overline{B}$。

3. 试判断如图 3-27 所示 PNP 型三极管是导通还是截止的。

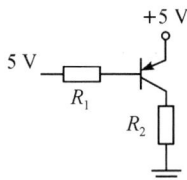

图 3-27　PNP 型三极管

4. 连接 5 V 电压的上拉电阻要保持 15 个 74LS00 输入为高电平,上拉电阻的最大阻值是多少? 若按照计算的最大阻值,高电平噪声容限为多少?

5. 写出如图 3-28 所示 OC 门线与电路图的逻辑表达式,若每个门的 $I_{OL(max)} = 20\ mA$,$U_{OL(max)} = 0.25\ V$,假设 Y 端连接 10 个 TTL 负载。试求电源电压是 5 V 情况下的最小上拉电阻值。

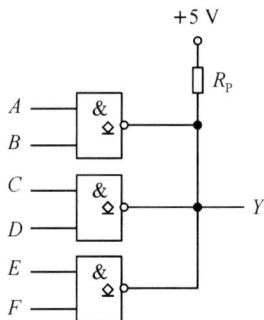

图 3-28　OC 门线与电路图

第4章 组合逻辑电路

本章导读

数字电路按逻辑功能和电路结构的不同特点可划分为两大类：一类叫作组合逻辑电路，另一类叫作时序逻辑电路。本章首先介绍组合逻辑电路的结构和特点、组合逻辑电路的分析方法与设计方法、组合逻辑电路中的竞争冒险现象，然后介绍常用的中规模集成构件构成的组合逻辑电路，即编码器、译码器、数据分配器、数据选择器、加法器和数值比较器，重点分析这些器件的逻辑功能、工作原理和使用方法。

学习目标

（1）理解组合逻辑电路在电路结构和逻辑功能上的特点；

（2）熟练掌握组合逻辑电路的分析方法和设计方法；

（3）熟练掌握编码器、译码器和数据选择器的逻辑功能和应用；

（4）理解加法器和数字比较器的工作原理和逻辑功能。

思政教学目标

通过学习组合逻辑电路的分析与设计，培养学生在以后的工作和学习中应具备顽强拼搏、永不言弃、追求卓越的精神，培养学生严谨求实的工匠精神，同时应规范安全操作，有6S管理意识。

4.1 组合逻辑电路的分析与设计

组合逻辑电路是指在任何时刻，输出状态只决定于同一时刻各输入状态的组合，而与电路以前状态无关，与其他时间的状态无关。其逻辑函数如下：

$$L_i = f(A_1, A_2, \cdots, A_n), (i = 1, 2, \cdots, m)$$

式中：$A_1 \sim A_n$ 为输入变量；L_i 为输出变量。

组合逻辑电路的一般框图如图 4-1 所示。

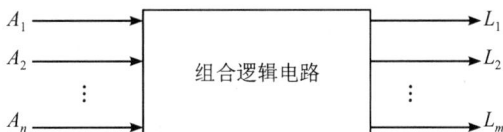

图 4-1　组合逻辑电路的一般框图

组合逻辑电路的特点归纳如下：

（1）输入、输出之间没有反馈延迟通道。

（2）电路中无记忆单元。

前面介绍的各种逻辑门电路均属于组合逻辑电路，它们是构成复杂组合逻辑电路的基本单元。

4.1.1　组合逻辑电路的分析

尽管实际工作中各种组合逻辑电路在功能上千差万别，但是它们的分析方法有共同之处。掌握了分析方法，就可以识别任何一个给定的组合逻辑电路的逻辑功能。组合逻辑电路的分析是指根据给定的逻辑电路图，分析出其输出信号与输入信号之间的逻辑关系，从而确定其逻辑功能。通过对组合逻辑电路的分析，我们可以知道它的逻辑功能，还能判断其是否经济合理，器件间是否能替代，两电路是否等效等。组合逻辑电路分析的一般步骤如下：

（1）根据给定的组合逻辑电路，逐级写出逻辑表达式。

（2）化简得到最简逻辑表达式。

（3）列出电路的真值表。

（4）确定电路能完成的逻辑功能。

【**例 4-1**】　分析如图 4-2 所示电路，并说明电路功能。

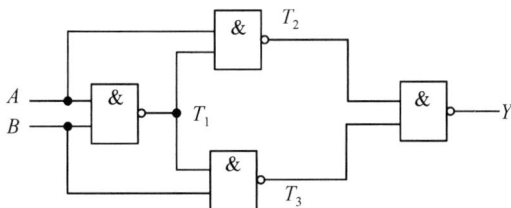

图 4-2　例 4-1 的逻辑电路图

解：（1）根据给出的逻辑电路图，由输入级到输出级逐级写出逻辑门的逻辑表达式，可以在每一级的电路输出中增加中间输出变量 T_1、T_2 和 T_3。由此可得

$$T_1 = \overline{AB}$$

$$T_2 = \overline{A\,\overline{AB}}$$

$$T_3 = \overline{B\,\overline{AB}}$$

$$Y = \overline{\overline{A\,\overline{AB}}\ \overline{B\,\overline{AB}}}$$

（2）进行逻辑变换和化简。

$$Y = \overline{\overline{A\overline{AB}} \cdot \overline{B\overline{AB}}}$$

$$= A\overline{AB} + B\overline{AB}$$

$$= A(\overline{A} + \overline{B}) + B(\overline{A} + \overline{B})$$

$$= A\overline{B} + \overline{A}B$$

（3）列出真值表，如表 4-1 所示。

表 4-1　例 4-1 的真值表

A	B	Y
0	0	0
0	1	1
1	0	1
1	1	0

（4）确定电路的逻辑功能。由真值表可知，该电路实现的逻辑功能是异或运算。

读者在分析组合逻辑电路时，根据掌握分析方法的熟练程度，可以将中间过程省略，直接写出电路的输出表达式。

4.1.2　组合逻辑电路的设计

组合逻辑电路的设计是根据给定的逻辑问题（命题），设计出能实现其逻辑功能的逻辑电路，最后画出由逻辑门或逻辑器件实现的逻辑电路图，设计过程与前面介绍的分析过程正好相反。用逻辑门实现组合逻辑电路的要求是使用逻辑门的个数和种类尽可能少，连线也尽可能少，一般设计步骤如下：

（1）分析逻辑问题，确定输入和输出变量，找到输出与输入间的因果关系，列出真值表。

（2）由真值表写出逻辑表达式。

（3）化简逻辑表达式，化简形式应根据选择何种逻辑门或集成的组合逻辑器件而定，从而画出最简单合理的逻辑电路图。

从理论上讲，至此逻辑电路的设计任务就完成了，但是实际设计工作还包括集成电路芯片的选择、工艺设计、安装、调试等内容。

【例 4-2】　试设计一个三人表决电路，多数人同意，提案通过，否则提案不通过。

解：（1）根据给定命题，设参加表决提案的三人分别为 A、B、C，作为输入变量，规定同意提案为 1，不同意提案为 0；设提案通过与否为输出变量 Y，规定通过为 1，不通过为 0。提案通过与否由参加表决的情况来决定，构成逻辑的因果关系。列出输出和输入关系的真值表，如表 4-2 所示。

表 4 - 2　例 4 - 2 的真值表

A	B	C	Y
0	0	0	0
0	0	1	0
0	1	0	0
0	1	1	1
1	0	0	0
1	0	1	1
1	1	0	1
1	1	1	1

（2）由真值表写出输出逻辑表达式，即

$$Y = \overline{A}BC + A\overline{B}C + AB\overline{C} + ABC$$

（3）化简逻辑表达式，画出逻辑电路图。可用卡诺图或公式化简法得最简与-或表达式，也可等效变换为最简与-非表达式，即

$$Y = BC + AC + AB$$

$$Y = \overline{\overline{AB} \cdot \overline{AC} \cdot \overline{BC}}$$

例 4 - 2 的逻辑电路图如图 4 - 3 和图 4 - 4 所示。

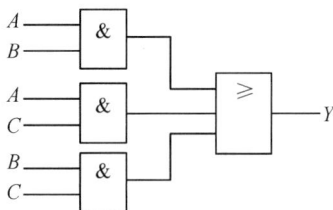

图 4 - 3　与或门电路　　　　　　　　图 4 - 4　与非门电路

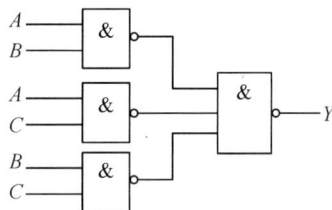

图 4 - 3 是根据最简与-或表达式画出的逻辑电路图，需要两种类型的逻辑门。图 4 - 4 是根据与-非表达式画出的逻辑电路图，只需一种类型的逻辑门。由此可见，最简的逻辑表达式用一定规格的集成器件实现时，其电路结构不一定是最简单和最经济的。设计逻辑电路时应以集成器件为基本单元，而不应以单个门为单元，这是工程设计与理论设计的不同之处。

【例 4 - 3】　设计一个用 3 个开关控制灯的逻辑电路，要求任意一个开关都能控制灯由亮到灭或由灭到亮。

解：（1）根据给定命题，设 A、B、C 分别表示三个开关，作为输入变量，用"0"表示开关"打开"，"1"表示开关"闭合"。Y 表示灯，作为输出变量，用"0"表示灯"灭"，"1"表示灯"亮"。根据题意列出输出与输入关系的真值表，如表 4 - 3 所示。

表 4 - 3　例 4 - 3 的真值表

A	B	C	Y
0	0	0	0
0	0	1	1
0	1	0	1
0	1	1	0
1	0	0	1
1	0	1	0
1	1	0	0
1	1	1	1

（2）由真值表写出输出逻辑表达式，即

$$Y = \overline{A}\,\overline{B}C + \overline{A}B\overline{C} + A\overline{B}\,\overline{C} + ABC$$

（3）用卡诺图化简逻辑表达式，如图 4 - 5 所示，得到表达式为 $Y = \overline{A}\,\overline{B}C + \overline{A}B\overline{C} + A\overline{B}\,\overline{C} + ABC$。

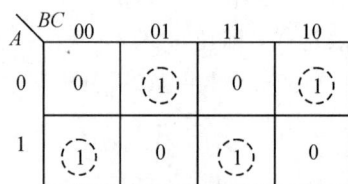

图 4 - 5　卡诺图化简

画出逻辑电路图，如图 4 - 6 所示。

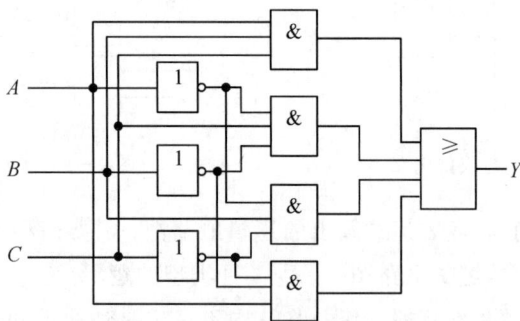

图 4 - 6　例 4 - 3 的逻辑电路图

4.2　组合逻辑电路的竞争冒险

前面分析的数字组合逻辑电路是在稳态下的工作情况，没有考虑门电路的延迟时间对电路产生的影响。实际电路中，从信号输入到稳定输出需要一定的时间，从输入到输出的过程中，不同通路上门的个数不同，或者门电路平均延迟时间的差异，都会使信号从输入经不同通路传送到输出级的时间不同。这样，可能会使逻辑电路产生错误输出，这种现象叫作"竞争冒险"。虽然"竞争冒险"是暂时的，信号稳定后会消失，但是对一些边沿敏感的器件或电路(如触发器、计数器等)，"竞争冒险"现象会使其引起误操作，使电路工作的可靠性下降，所以有必要了解电路在瞬态的工作情况，对可能出现的不正常现象采取措施，预先加以解决，以保证电路工作的可靠性。

4.2.1　竞争现象

当输入信号发生突变时，由于各个门传输时间的不同，或者是输入信号通过逻辑门的级数不同造成的传输时间不同，会使一个或几个输入信号经不同的路径到达同一点的时间有差异，这种现象称为竞争。如图 4-7 所示的电路，变量 A 有两条路径，一条通过 G_1 门到达 G_2 门的输入端，另外一条直接进入 G_2 门的输入端，故变量 A 具有竞争能力，如图 4-8 所示，输出产生尖峰脉冲。在大多数的组合逻辑电路中均存在着竞争现象，有的竞争不会带来不良影响，有的竞争却会导致逻辑错误。

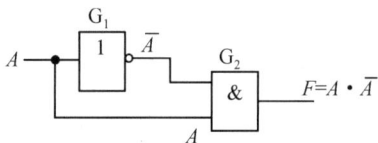

图 4-7　逻辑电路图　　　　　图 4-8　工作波形图

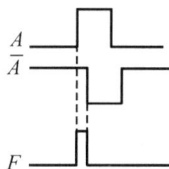

4.2.2　冒险现象

由于竞争而产生输出干扰脉冲的现象称为冒险现象。这种输出的干扰脉冲为窄脉冲(几十纳秒内)，也称为尖峰脉冲。

逻辑表达式和真值表所描述的逻辑关系是一种静态的现象，而竞争则发生在从一种稳态变到另一种稳态的过程中。因此，竞争是动态的现象，它发生在输入变量变化时。

对图 4-7 电路而言，输出变量的表达式为 $F=A\overline{A}$，从静态看，无论输入信号 A 取何值，其输出 F 均应为 0。但是，由于 G_1 门延迟，$\overline{A}$ 从 1 跳变到 0 所需时间比 A 从 0 跳变到 1 时间滞后，因而在 A 已经变到 1，$\overline{A}$ 还没有变到 0 的很短时间间隔内，G_2 门的两个输入端都会出现高电平，使它的输出端出现一个正跳变的窄脉冲，当暂态结束后，$\overline{A}$ 变化到 0，输出 F 回到正常的逻辑状态，即 F 为 0，这种情况就是冒险现象。输入信号 A 变化不一定都会产生冒险，如当 A 由 1 跳变到 0 时，无冒险产生，如图 4-8 所示。

发生冒险现象时，出现的干扰脉冲既可以是正跳变的，也可以是负跳变的。如图 4-9 所示电路，其输出表达式为 $F=A+\overline{A}$，在静态时，无论 A 取何值，F 恒为 1。但是当 A 从 1 变到 0 时，由于 G_1 门延迟，$\overline{A}$ 还没有从 0 跳变到 1，在这个短暂的时间间隔内，G_2 门的两个输入端都是低电平，在输出端出现一个负跳变的窄脉冲，当暂态结束后，$\overline{A}$ 变化到 1，如图 4 - 10 所示，输出 F 回到正常的逻辑状态，即 F 为 1，这种情况也是冒险现象。

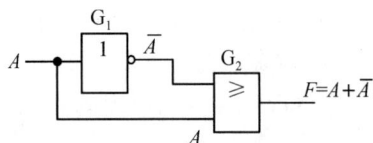

图 4 - 9　产生负跳变脉冲逻辑电路图　　　图 4 - 10　工作波形图

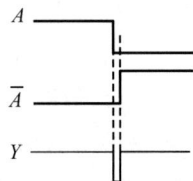

综上两个例子可看出，当逻辑表达式出现 $F=A\overline{A}$ 或 $F=A+\overline{A}$，且变量 A 状态发生变化时，将产生竞争冒险现象。

4.2.3　竞争冒险的检查方法

冒险是由变量的竞争引起的。冒险又分为逻辑冒险和功能冒险。前面分析的竞争冒险都是在一个输入变量发生变化的条件下产生的，一般称为逻辑冒险，其检查的方法有两种，逻辑代数法和卡诺图法。

1. 逻辑代数法

在逻辑表达式中，若某个变量同时以原变量和反变量两种形式出现，就具备了竞争条件。去掉其余变量(也就是将其余变量取固定值 0 或 1)，留下有竞争能力的变量，如果表达式为 $F=A+\overline{A}$，就会产生 0 型冒险；如果表达式为 $F=A\overline{A}$，就会产生 1 型冒险。

【**例 4 - 4**】　判断逻辑表达式 $F=AB+\overline{A}C$ 是否存在竞争冒险。

解：由于在函数的输入变量中，同时存在 A 的原变量和反变量，故变量 A 具有竞争能力，且有

$$BC=00 \qquad\qquad F=0$$
$$BC=01 \qquad\qquad F=\overline{A}$$
$$BC=10 \qquad\qquad F=A$$
$$BC=11 \qquad\qquad F=A+\overline{A}$$

由此可以看出，当 $BC=11$ 时，$F=A+\overline{A}$，因而可判断，当 A 变化时，存在竞争冒险。

2. 卡诺图法

将函数填入卡诺图中，按照逻辑表达式的形式圈好卡诺圈。如函数 $F=AB+\overline{A}C$ 的卡诺图如图 4 - 11 所示。

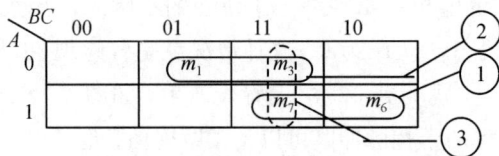

图 4 - 11　卡诺图

与项 AB 和 $\overline{A}C$ 分别对应合并圈①和②，这两个合并圈之间存在着相邻最小项 m_3 和 m_7，且无公共的合并圈覆盖它们，公共合并圈对应的与项为 BC，当 $BC=11$ 时，函数为 $F=A+\overline{A}$，如果 A 变化，就会产生冒险，与代数检查法结论一致。

【例 4 - 5】 判断 $F=AC+\overline{A}B+\overline{A}\,\overline{C}$ 是否存在冒险现象。

解：方法一，用逻辑代数法判断。

由于函数中存在 A 和 C 的互补变量，变量 A 和 C 具有竞争能力，且有

$$
\begin{aligned}
BC&=00 & F&=\overline{A}\\
BC&=01 & F&=A\\
BC&=10 & F&=\overline{A}\\
BC&=11 & F&=A+\overline{A}\\
AB&=00 & F&=\overline{C}\\
AB&=01 & F&=1+\overline{C}\\
AB&=10 & F&=C\\
AB&=11 & F&=C
\end{aligned}
$$

由此可看出，当 $BC=11$ 时，$F=A+\overline{A}$，若 A 变化，将产生竞争冒险。C 虽然是具有竞争的变量，但在其他变量取值的所有组合中，都没有出现 $F=C+\overline{C}$ 或 $F=C\overline{C}$，故不会产生冒险。

方法二，用卡诺图法判别。

将函数用卡诺图表示出来，如图 4 - 12 所示，从图中可以看出，合并圈 $\overline{A}B$ 与 AC 之间存在着相邻项，且无公共的合并圈覆盖，公共合并圈对应的与项为 BC，那么在 $BC=11$ 时，会出现冒险。

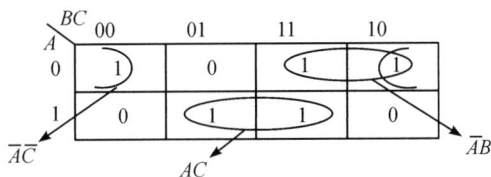

图 4 - 12　例 4 - 5 的卡诺图

上述两种方法判别的结果完全相同。

4.2.4　竞争冒险的消除方法

1. 增加冗余项消除竞争冒险

增加冗余项的方法是通过在逻辑表达式中"加"上多余的"与"项或"乘"上多余的"或"项，使原函数不可能在某种条件下化成 $X+\overline{X}$ 或 $X\cdot\overline{X}$ 的形式，从而消除可能产生的竞争冒险，冗余项的选择可用代数法或卡诺图法确定。

用增加冗余项的方法修改逻辑设计，可以消除一些竞争冒险现象。但是，这种方法的适用范围是有限的。增加冗余项，需增加额外电路，但增加了电路可靠性，如果运用得当，可以收到最理想的效果。

2. 输出端并联电容器消除竞争冒险

竞争冒险所产生的干扰脉冲一般很窄。逻辑电路在较慢速度下工作时，可以在输出端并联一个不大的滤波电容，并用门电路的输出电阻和电容器构成低通滤波电路，对很窄的尖峰脉冲(其频率很高)起到了平波的作用。这时在输出端便不会出现逻辑错误。

接入滤波电容的方法简单易行，但输出电压波形随之变化，故只适用于对输出波形前后沿无严格要求的场合。

3. 引入封锁脉冲消除竞争冒险

封锁脉冲是在输入信号发生竞争的时间内，引入一个脉冲将可能产生尖峰干扰脉冲的门封锁住，从而消除竞争冒险。封锁脉冲应在输入信号转换前到来，转换结束后消失。

4. 加选通脉冲消除竞争冒险

选通脉冲是当电路输出端达到新的稳定状态之后，引入选通脉冲，从而使输出信号是正确的逻辑信号而不包含干扰脉冲。其优点是比较简单且不需要增加电路元件，缺点是必须设法得到一个与输入信号同步的选通脉冲，且对选通脉冲的宽度和作用的时间均有严格的要求。

4.3　编　码　器

在数字系统中，用二进制代码表示特定信息的过程称为编码。例如，在电子设备中，用二进制代码表示字符，称为字符编码；用二进制代码表示十进制数，称为二-十进制编码(BCD码)。实现编码逻辑功能的电路称为编码器。编码器的通用逻辑符号如图4-13所示，图中的 X 和 Y 分别表示输入和输出，在实际电路中可以用适当的符号代替。

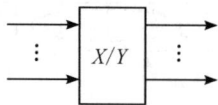

图4-13　编码器的通用逻辑符号

4.3.1　编码器的工作原理

编码器中，输入端有若干个信号，但是任何时刻只允许一个输入信号有效，此时有一组唯一的二进制代码与之对应。所以，编码器是一个多输入、多输出的电路，每次只有一个输入信号被转换成二进制代码，m 个输入信号，需要 n 位二进制数编码，一定要满足 $2^n \geq m$。用 n 位二进制代码对 2^n 个信号进行编码的电路称为二进制编码器，如8线-3线编码器，它能将8个输入信号分别编排为3位二进制代码输出。将代表十进制数的10个输入信号分别编成对应的BCD代码输出的电路称为二-十进制编码器，如10线-4线编码器，用4位二进制代码分别将10个输入信号编排为10个BCD码输出。

1. 4 线-2 线编码器

4 线-2 线编码器有 4 个输入，两位二进制代码输出，其功能表如表 4-4 所示。从表中可以看出，在 4 个输入信号中，每次输入只有一个有效信号，若该信号为 1，则称为高电平输入有效，其他输入为 0，反之，为 0 则称为低电平输入有效。由功能表可得如下逻辑表达式：

$$Y_1 = \overline{I_0}\,\overline{I_1}\,I_2\,\overline{I_3} + \overline{I_0}\,\overline{I_1}\,\overline{I_2}\,I_3$$

$$Y_0 = \overline{I_0}\,I_1\,\overline{I_2}\,\overline{I_3} + \overline{I_0}\,\overline{I_1}\,\overline{I_2}\,I_3$$

表 4-4　4 线-2 线编码器的功能表

输　入				输　出	
I_3	I_2	I_1	I_0	Y_1	Y_0
0	0	0	1	0	0
0	0	1	0	0	1
0	1	0	0	1	0
1	0	0	0	1	1

根据逻辑表达式画出逻辑电路图，如图 4-14 所示。该逻辑电路可以实现 4 线-2 线编码器的逻辑功能，即当 $I_0 \sim I_3$ 中某一个输入信号为高电平 1 时，输出 Y_1、Y_0 为相对应的二进制代码。例如，当 I_1 为 1 时，$Y_1 Y_0$ 为 01，当 I_3 为 1 时，$Y_1 Y_0$ 为 11，输出的二进制代码按有效信号输入端下标所对应的二进制数输出，这种情况称为输出高电平有效。反之，输出的二进制代码按有效信号输入端下标所对应的二进制数的反码输出，即当 I_1 为 1，$Y_1 Y_0$ 为 10 或 $\overline{Y_1}\,\overline{Y_0}$ 为 01，则称为输出低电平有效。在如图 4-14 所示电路中，有一个值得注意的问题，当 I_0 为 1 时，$Y_1 Y_0$ 都是 0，当 $I_0 \sim I_3$ 都为 0 时，$Y_1 Y_0$ 都为 0，前者输出是有效的，而后者输出是无效的，这两种情况在实际中是必须加以区别的。

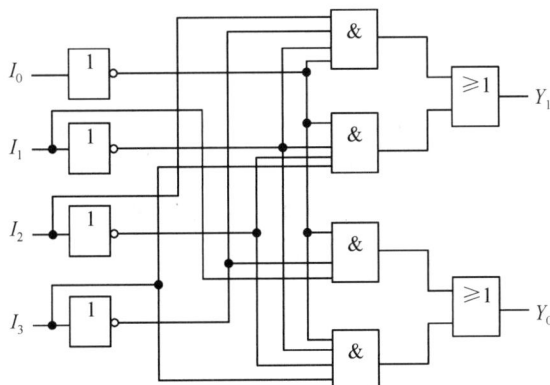

图 4-14　4 线-2 线编码器的逻辑电路图

2. 优先编码器

上面讨论的 4 线-2 线编码器，输入信号在任一时刻都只有一个信号有效。当同一时刻出现多个有效的输入信号时，会引起输出混乱。在数字系统中，特别是在计算机系统中，常常要控制几个工作对象,如计算机主机要控制打印机、磁盘驱动器、输入键盘等。当某个部件需要实行操作时,必须先送一个信号给主机(称为服务请求),经主机识别后再发出允许操作信号(服务响应),并按事先编好的程序工作。有时会有几个部件同时发出服务请求的可能,而在同一时刻只能给其中一个部件发出允许操作信号。因此,必须根据轻重缓急,规定好这些控制对象允许操作的先后次序,即优先级别。识别这类请求信号的优先级别并进行编码的逻辑部件称为优先编码器。优先编码器会对所有的输入信号按优先顺序排队,然后选择优先级别最高的一个输入信号进行编码。4 线-2 线优先编码器的功能表如表 4-5 所示。

表 4-5 4 线-2 线优先编码器的功能表

输 入				输 出	
I_3	I_2	I_1	I_0	Y_1	Y_0
0	0	0	1	0	0
0	0	1	×	0	1
0	1	×	×	1	0
1	×	×	×	1	1

表 4-5 中,4 个输入优先级的高低次序依次为 I_3、I_2、I_1、I_0。对于 I_3,无论其他 3 个输入是否为有效电平输入,只要 I_3 为 1,输出均为 11,优先级别最高,由于 I_3 为 1 高电平,输出 Y_1Y_0 为 11,输出代码按有效输入端下标所对应的二进制输出,故输入、输出均为高电平有效。对于 I_0,只有当 I_3、I_2、I_1 均为 0,即均无有效电平输入,且 I_0 为 1 时,输出 Y_1Y_0 为 00,所以,I_0 的优先级别最低。由表 4-5 可以得出该优先编码器的逻辑表达式为

$$Y_1 = I_2\bar{I_3} + I_3 = I_2 + I_3$$
$$Y_0 = I_1\bar{I_2}\bar{I_3} + I_3 = I_1\bar{I_2} + I_3$$

【例 4-6】 试用门电路设计 4 线-2 线优先编码器,输入、输出信号都是高电平有效。要求任一按键按下时,GS 为 1,否则 $GS=0$;没有按键按下时,EO 信号为 1,否则为 0。

解:根据题意,设 A、B、C、D 为输入端,A_1、A_0 为输出端,输入端 D 的优先级别最高,A 的级别最低,则根据输入输出之间的关系可以得到功能表,如表 4-6 所示。

表 4-6 例 4-6 的功能表

D	C	B	A	A_1	A_0	GS	EO
0	0	0	0	0	0	0	1
0	0	0	1	0	0	1	0
0	0	1	×	0	1	1	0
0	1	×	×	1	0	1	0
1	×	×	×	1	1	1	0

根据功能表，可写出各输出端的逻辑表达式

$$A_1 = D + \overline{D}C = D + C, \ A_0 = \overline{D}\,\overline{C}B + D = D + \overline{C}B$$

$$GS = D + C + B + A, \ EO = \overline{D}\,\overline{C}\,\overline{B}\,\overline{A}$$

根据逻辑表达式画出逻辑电路图，如图 4-15 所示。

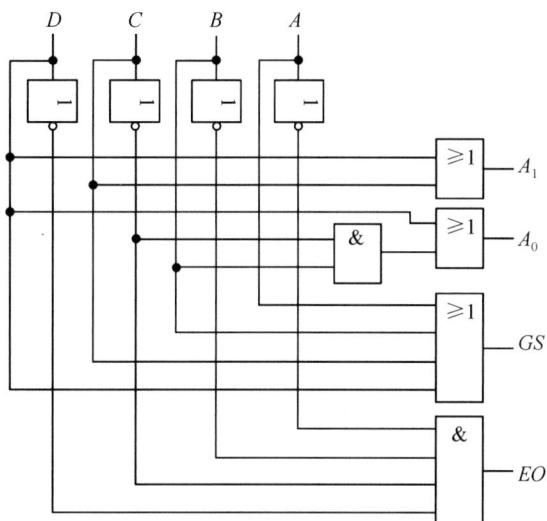

图 4-15　例 4-6 的逻辑电路图

4.3.2　中规模集成通用编码器

74147 和 74148 是两种常用的中规模集成通用优先编码器，它们都有 TTL 和 CMOS 的定型产品，下面分析它们的逻辑功能并介绍其应用方法。

1. 优先编码器 74147

优先编码器 74147 是二-十进制编码器，其功能表如表 4-7 所示，逻辑符号如图 4-16 所示。74147 优先编码器有 9 个输入信号端 $I_1 \sim I_9$，按高位优先编码，低电平有效。当 $I_1 \sim I_9$ 均为 1 时，相当于 I_0 为 0，输出代码为 1111，故 I_0 端被省略了。74147 优先编码器有 4 个输出信号端 $Y_0 \sim Y_3$，输出为 8421BCD 码的反码。例如，$I_0 = 0$，输出代码为 1111，其反码为 8421BCD 码 0000；$I_9 = 0$，输出代码为 0110，其反码为 8421BCD 码 1001，输出低电平有效。

表 4-7　74147 的功能表

输　入									输　出			
I_9	I_8	I_7	I_6	I_5	I_4	I_3	I_2	I_1	Y_3	Y_2	Y_1	Y_0
1	1	1	1	1	1	1	1	1	1	1	1	1
0	×	×	×	×	×	×	×	×	0	1	1	0
1	0	×	×	×	×	×	×	×	0	1	1	1
1	1	0	×	×	×	×	×	×	1	0	0	0
1	1	1	0	×	×	×	×	×	1	0	0	1

输 入									输 出			
I_9	I_8	I_7	I_6	I_5	I_4	I_3	I_2	I_1	Y_3	Y_2	Y_1	Y_0
1	1	1	1	0	×	×	×	×	1	0	1	0
1	1	1	1	1	0	×	×	×	1	0	1	1
1	1	1	1	1	1	0	×	×	1	1	0	0
1	1	1	1	1	1	1	0	×	1	1	0	1
1	1	1	1	1	1	1	1	0	1	1	1	0

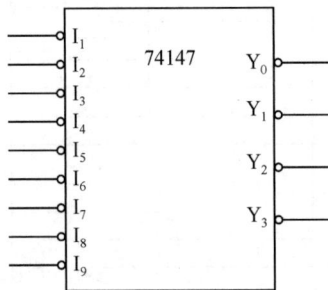

图 4-16 74147 的逻辑符号

2. 优先编码器 74148

优先编码器 74148 是 8 线-3 线二进制编码器，该编码器有 8 个信号输入端 $I_0 \sim I_7$，低电平为输入有效电平，3 个输出端 $A_2 A_1 A_0$ 是 3 位二进制码，输入信号的优先级由高至低分别为 $I_0 \sim I_7$。此外，该编码器还设置了 3 个控制信号端，即输入使能端 EI、输出使能端 EO 和输出有效标志端 GS。其功能表如表 4-8 所示。

表 4-8 74148 的功能表

输 入									输 出				
EI	I_7	I_6	I_5	I_4	I_3	I_2	I_1	I_0	A_2	A_1	A_0	GS	EO
1	×	×	×	×	×	×	×	×	1	1	1	1	1
0	1	1	1	1	1	1	1	1	1	1	1	1	0
0	0	×	×	×	×	×	×	×	0	0	0	0	1
0	1	0	×	×	×	×	×	×	0	0	1	0	1
0	1	1	0	×	×	×	×	×	0	1	0	0	1
0	1	1	1	0	×	×	×	×	0	1	1	0	1
0	1	1	1	1	0	×	×	×	1	0	0	0	1
0	1	1	1	1	1	0	×	×	1	0	1	0	1
0	1	1	1	1	1	1	0	×	1	1	0	0	1
0	1	1	1	1	1	1	1	0	1	1	1	0	1

　　当 $EI=0$ 时，编码器正常工作；当 $EI=1$ 时，编码器不工作，此时，不论 8 个输入信号是什么状态，3 个输出信号均为高电平，且输出有效标志端和输出使能端均为高电平。所以，输入使能端 EI 为低电平有效。

　　当 EI 为 0，且至少有一个输入端有编码请求信号（低电平）时，输出有效标志端 GS 为 0，表明编码器输出代码有效。否则，GS 为 1，表明编码器输出代码无效，所以输出有效标志端 GS 也是低电平有效。当 8 个输入信号均为高电平或只有输入端 I_0（优先级别最低）有低电平输入时，$A_2A_1A_0$ 均为 111，出现了输入条件不同而输出代码相同的情况，这时可由 GS 的状态加以区别。当 $GS=1$ 时，表示 8 个输入信号均为高电平，输出代码无效；当 $GS=0$ 时，表示输入端有编码信号，输出为有效编码。

　　当 $EI=0$，输入 I_7（优先级别最高）为低电平时，输出代码为 000，其反码为 111；当输入 I_0 单独为低电平时，输出代码为 111，其反码为 000。所以，输出代码按有效输入信号端的下标所对应的二进制数反码输出，且输入输出信号均为低电平有效。

　　根据功能表，可写出各输出端的逻辑表达式如下：

$$\overline{EO}=\overline{EI}I_7I_6I_5I_4I_3I_2I_1I_0$$

$$EO=\overline{\overline{EI}I_7I_6I_5I_4I_3I_2I_1I_0}$$

$$=EI+\overline{I}_7+\overline{I}_6+\overline{I}_5+\overline{I}_4+\overline{I}_3+\overline{I}_2+\overline{I}_1+\overline{I}_0$$

$$GS=EI+\overline{\overline{EI}I_7I_6I_5I_4I_3I_2I_1I_0}=EI+\overline{EO}$$

$$A_2=EI+\overline{EI}(I_7I_6I_5I_4I_3I_2I_1I_0+I_7I_6I_5I_4I_3I_2I_1\overline{I}_0+$$

$$I_7I_6I_5I_4I_3I_2\overline{I}_1+I_7I_6I_5I_4I_3\overline{I}_2+I_7I_6I_5I_4\overline{I}_3)$$

利用公式 $A+\overline{A}B=A+B$ 和 $A+\overline{A}=1$ 的关系，化简得

$$A_2=EI+I_7I_6I_5I_4=\overline{EI}\ \overline{I}_7+\overline{EI}\ \overline{I}_6+\overline{EI}\ \overline{I}_5+\overline{EI}\ \overline{I}_4$$

按上述方法可得 A_1 和 A_0 的逻辑表达式如下：

$$A_1=\overline{\overline{EI}I_5I_4\overline{I}_2+\overline{EI}I_5I_4\overline{I}_3+\overline{EI}\ \overline{I}_6+\overline{EI}\ \overline{I}_7}$$

$$A_0=\overline{\overline{EI}I_6I_4I_2\overline{I}_1+\overline{EI}I_6I_4\overline{I}_3+\overline{EI}I_6\overline{I}_5+\overline{EI}\ \overline{I}_7}$$

　　优先编码器 74148 的逻辑符号如图 4-17 所示。图中输入信号端有圆圈表示该信号是低电平有效，无圆圈表示该信号是高电平有效。输出使能端 EO 只有在 EI 为 0，且所有输入端都为 1 时，输出为 0，否则输出为 1。

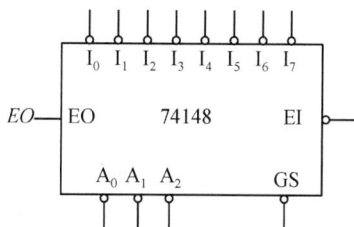

图 4-17　优先编码器 74148 的逻辑符号

　　可以利用 74148 的输出使能端 EO 和输入使能端 EI 实现多片的级联，以便扩展优先编码器输入位数。如图 4-18 所示的 16 位输入、4 位二进制码输出的优先编码器由两片 74148 组成。

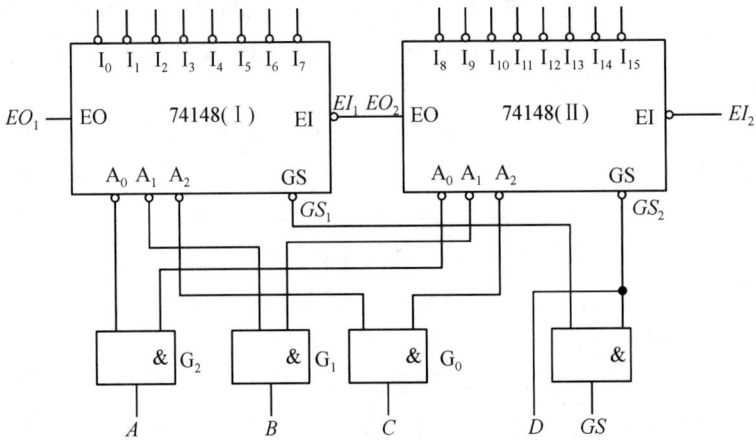

图 4-18　16 线-4 线优先编码器的逻辑电路图

16 线-4 线优先编码器的工作原理如下：

(1) 当 $EI_2 = 1$、EO_2（即 EI_1）$= 1$ 时，两片芯片均不工作，它们的输出端 $A_2A_1A_0$ 都是 111，由电路图可知 $GS = GS_1 \cdot GS_2 = 1$，使 4 位二进制码输出端 $DCBA = 1111$，均为无效码。

(2) 当 $EI_2 = 0$ 时，高位芯片（Ⅱ）允许编码，但若无有效输入信号，即高位芯片均无编码请求，则 $EO_2 = 0$，从而使 $EI_1 = 0$，允许低位芯片（Ⅰ）编码。这时高位芯片的 $A_2A_1A_0$ 为 111，使与门 $G_0 \sim G_2$ 都打开，其输出 C、B、A 的状态取决于低位芯片 $A_2A_1A_0$，而 $D = GS_2$，总是等于 1，所以输出代码在 1111～1000 之间变化，其反码为 0000～0111。若 I_0 单独有效，则输出为 1111，反码为 0000；若 I_7 及任意其他输入同时有效，因 I_7 优先级别最高，则输出为 1000，反码为 0111。

(3) 当 $EI_2 = 0$，且高位芯片（Ⅱ）存在有效输入信号（即至少一个输入为低电平）时，$EO_2 = 1$，从而使 $EI_1 = 1$，高位芯片编码，低位芯片禁止编码，低位芯片输出 $A_2A_1A_0 = 111$。此时 $D = GS_2 = 0$，C、B、A 取决于高位芯片的 $A_2A_1A_0$，输出代码在 0111～0000 之间变化，其反码为 1000～1111。显然，高位芯片的编码级别优先于低位编码，而高位芯片中 I_7 的优先级别最高。

整个电路实现了 16 位输入的优先编码，4 位二进制代码输出为 $DCBA$，其中 I_{15} 具有最高的优先级别，优先级别从 I_{15} 至 I_0 依次递减。

4.4 译 码 器

将二进制代码所表示的信息翻译成对应输出的高、低电平信号的过程称为译码，实现译码功能的电路称为译码器。常用的译码器有二进制译码器、二-十进制译码器和数字显示器。

4.4.1　唯一地址译码器

唯一地址译码器是将一系列代码转换成与之一一对应的有效信号。假设译码器有 N 个输入信号和 M 个输出信号，如果 $M=2^N$，就称为二进制译码器或全译码器，常见的全译码器有 2 线-4 线译码器、3 线-8 线译码器、4 线-16 线译码器等。如果 $M<2^N$，就称为部分译码器，如二-十进制译码器(也称作 4 线-10 线译码器)等。

1.　二进制译码器

2 线-4 线译码器是二进制译码器中一种较简单的形式，其逻辑电路图如图 4 - 19(a)所示，逻辑符号如图 4 - 19(b)所示。

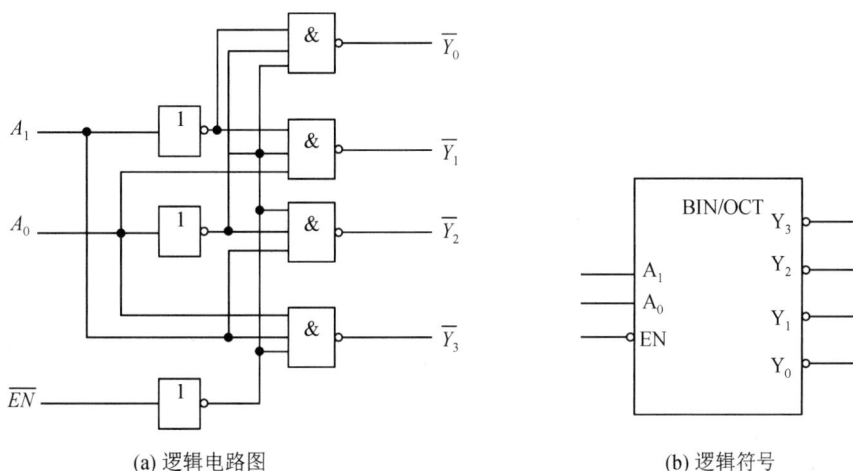

(a) 逻辑电路图　　　　　　　　　　　(b) 逻辑符号

图 4 - 19　2 线-4 线译码器的逻辑电路图和逻辑符号

2 线-4 线译码器有 2 个输入端 A_1 和 A_0，4 个输出端 $\overline{Y_3} \sim \overline{Y_0}$。对于二进制译码器来说，一次只允许 1 个输出端的信号为有效电平。若规定高电平为有效电平，则在任何时刻最多只有 1 个输出端为高电平，其余为低电平。同理，若规定低电平为有效电平，则在任何时刻最多只有 1 个输出端为低电平，其余为高电平。2 线-4 线译码器的功能表如表 4 - 9 所示。

表 4 - 9　2 线-4 线译码器的功能表

输　　入			输　　出			
$\overline{EN}$	A_1	A_0	$\overline{Y_3}$	$\overline{Y_2}$	$\overline{Y_1}$	$\overline{Y_0}$
1	$\times$	$\times$	1	1	1	1
0	0	0	1	1	1	0
0	0	1	1	1	0	1
0	1	0	1	0	1	1
0	1	1	0	1	1	1

从表 4 - 9 中可以看出，输出端的有效电平为低电平。另外，$\overline{EN}$ 为使能控制端(也称为选通信号)，当 $\overline{EN}=0$(有效)时，译码器处于工作状态；当 $\overline{EN}=1$(无效)时，译码器处于禁止工作状态，此时，全部输出端都输出高电平(无效电平)。当 $\overline{EN}=0$ 时，根据逻辑电

路图写出输出逻辑表达式为

$$\overline{Y}_0 = \overline{\overline{A}_1 \overline{A}_0} = \overline{m}_0$$

$$\overline{Y}_1 = \overline{\overline{A}_1 A_0} = \overline{m}_1$$

$$\overline{Y}_2 = \overline{A_1 \overline{A}_0} = \overline{m}_2$$

$$\overline{Y}_3 = \overline{A_1 A_0} = \overline{m}_3$$

由此可知，对于输出低电平有效的译码器，每个输出都是对应输入的最小项的非。同理，对于输出高电平有效的译码器，每个输出都是对应输入的最小项。因此，一般把二进制译码器也称为最小项译码器。合理地应用使能控制端 $\overline{EN}$ 可以实现译码器的扩展。例如，用两片 2 线-4 线译码器可以扩展为 3 线-8 线译码器，电路连接如图 4-20 所示。

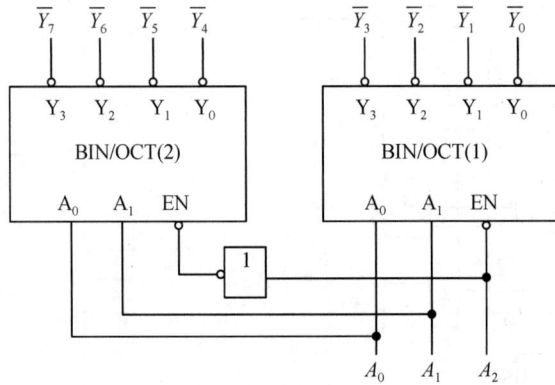

图 4-20 2 线-4 线译码器扩展为 3 线-8 线译码器

在图 4-20 中，A_2 为增加的输入端，当 $A_2 = 0$ 时，芯片(1)的 $\overline{EN} = 0$，处于工作状态，芯片(2)的 $\overline{EN} = 1$，处于禁止状态，在 $A_1 A_0$ 的作用下，选择芯片(1)的 $\overline{Y}_3 \sim \overline{Y}_0$ 作为输出。当 $A_2 = 1$ 时，芯片(1)的 $\overline{EN} = 1$，处于禁止状态，芯片(2)的 $\overline{EN} = 0$，处于工作状态，在 $A_1 A_0$ 的作用下，选择芯片(2)的 $\overline{Y}_7 \sim \overline{Y}_4$ 作为输出。

常用的中规模集成电路译码器有双 2 线-4 线译码器 74139、3 线-8 线译码器 74138、4 线-16 线译码器 74154 和 4 线-10 线译码器等。3 线-8 线译码器 74138 的逻辑符号如图 4-21 所示，其中 S_1、$\overline{S}_2$ 和 $\overline{S}_3$ 为使能控制端，S_1 为高电平有效，$(\overline{S}_2 + \overline{S}_3)$ 为低电平有效。

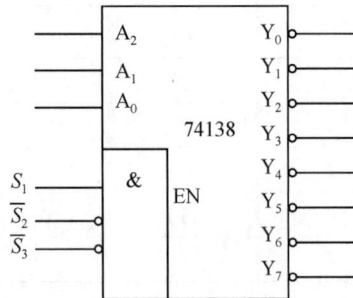

图 4-21 74138 的逻辑符号

表 4－10 为 74138 的功能表，从表中可以看出，当 $S_1 = 1$、$\overline{S_2} + \overline{S_3} = 0$ 时，译码器处于工作状态，合理地应用使能控制端可以实现 74138 译码器的扩展。

表 4－10　74138 的功能表

S_1	$\overline{S_2}+\overline{S_3}$	A_2	A_1	A_0	$\overline{Y_7}$	$\overline{Y_6}$	$\overline{Y_5}$	$\overline{Y_4}$	$\overline{Y_3}$	$\overline{Y_2}$	$\overline{Y_1}$	$\overline{Y_0}$
0	×	×	×	×	1	1	1	1	1	1	1	1
×	1	×	×	×	1	1	1	1	1	1	1	1
1	0	0	0	0	1	1	1	1	1	1	1	0
1	0	0	0	1	1	1	1	1	1	1	0	1
1	0	0	1	0	1	1	1	1	1	0	1	1
1	0	0	1	1	1	1	1	1	0	1	1	1
1	0	1	0	0	1	1	1	0	1	1	1	1
1	0	1	0	1	1	1	0	1	1	1	1	1
1	0	1	1	0	1	0	1	1	1	1	1	1
1	0	1	1	1	0	1	1	1	1	1	1	1

2. 利用中规模通用集成器件设计组合逻辑电路

用中规模集成器件设计组合逻辑电路是一种十分有效的方法，本章所介绍的常用中规模集成器件中有很多可以用于设计组合逻辑电路。

【例 4－7】 用一个集成译码器 74138 实现函数 $F = XYZ + \overline{X}Y + XY\overline{Z}$。

解：(1) 将三个使能控制端按允许译码的条件进行处理，即 S_1 接高电平，$\overline{S_2}$、$\overline{S_3}$ 接地。

(2) 将函数 F 转换成最小项表达式，即

$$F = XYZ + \overline{X}YZ + \overline{X}Y\overline{Z} + XY\overline{Z}$$

(3) 将输入变量 X、Y、Z 对应变换为 A_2、A_1、A_0 变量，注意该芯片 A_2 为高位，并利用摩根定律进行变换，可得到

$$
\begin{aligned}
F &= A_2 A_1 A_0 + \overline{A_2} A_1 A_0 + \overline{A_2} A_1 \overline{A_0} + A_2 A_1 \overline{A_0} \\
&= \overline{\overline{A_2 A_1 A_0}} \cdot \overline{\overline{A_2} A_1 A_0} \cdot \overline{\overline{A_2} A_1 \overline{A_0}} \cdot \overline{A_2 A_1 \overline{A_0}} \\
&= \overline{\overline{m_2} \cdot \overline{m_3} \cdot \overline{m_6} \cdot \overline{m_7}}
\end{aligned}
$$

(4) 利用 74138 译码器的函数关系可得到

$$F = \overline{\overline{Y_2} \cdot \overline{Y_3} \cdot \overline{Y_6} \cdot \overline{Y_7}}$$

(5) 将 74138 译码器输出端 $\overline{Y_2}$、$\overline{Y_3}$、$\overline{Y_6}$、$\overline{Y_7}$ 接入一个与非门，输入端 A_2、A_1、A_0 分别接入信号 X、Y、Z，即可实现题目所指定的组合逻辑函数，如图 4－22 所示。

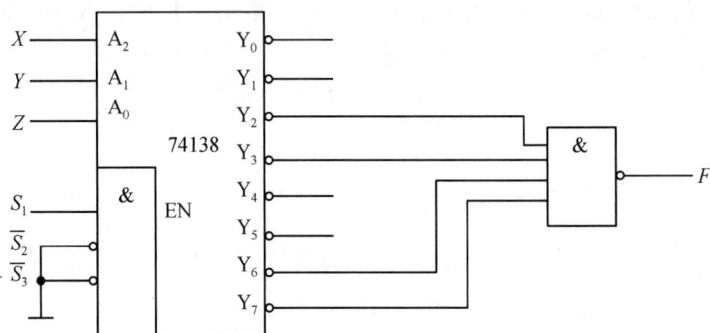

图 4-22 例 4-7 的逻辑电路图

【例 4-8】 用输出高电平有效的 3 线-8 线译码器实现逻辑函数 $F(A、B、C)=\sum m(0,1,3,7)$。

解：$F(A、B、C)=m_0+m_1+m_3+m_7=Z_0+Z_1+Z_3+Z_7$，实现逻辑函数的逻辑电路图如图 4-23 所示。

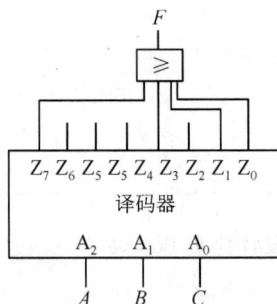

图 4-23 例 4-8 的逻辑电路图

从上述例题中可以看出，利用译码器进行组合逻辑电路设计时，一般可按下列步骤进行：

（1）列出真值表（当已有逻辑函数时，这步可省略）；

（2）写出各输出函数的最小项表达式，然后以译码器为中心进行逻辑设计，把函数输入变量作为译码器的输入变量，将其输出函数进行组合，适当添加逻辑门，即可构成各种含译码器输出变量的逻辑函数，达到用译码器实现组合逻辑函数的目的；

（3）画出逻辑函数的逻辑电路图。

4.4.2 数字显示器

在数字系统中，经常需要将用二进制代码表示的数字、符号和文字等直观地显示出来。例如，在计数系统中，需要显示计数结果；在测量仪表中，需要显示测量结果。数字显示通常由数码显示器和译码器完成。

1. 数码显示器

数码显示器按显示方式分为分段式、点阵式和重叠式，按发光材料分为半导体显示器、荧光数码显示器、液晶显示器和气体放电显示器。目前工程上应用较多的是分段式半导体显示器，通常称为七段发光二极管显示器。

图 4-24 为七段发光二极管显示器的电路符号、共阴极 BS201A 电路和共阳极 BS201B 电路。对共阴极显示器，公共端接地，给 $a \sim g$ 输入端接相应高电平，对应字段的发光二极管导通，显示十进制数字形状，如显示 4，输入端相应电平是 $abcdefg = 0110011$；对共阳极显示器，公共端应接 +5 V 电源，给 $a \sim g$ 输入端接相应低电平，对应字段的发光二极管导通，可显示十进制数字形状，如显示 3，输入端相应电平应该是 $abcdefg = 0000110$。

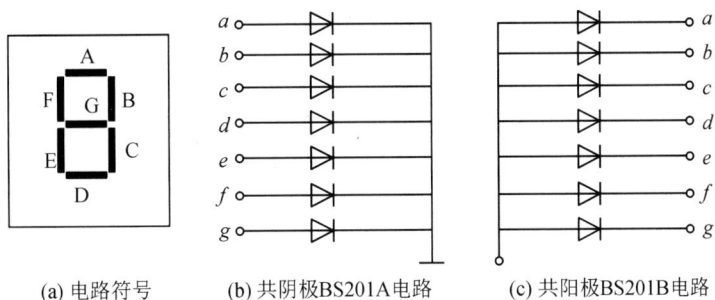

(a) 电路符号　　　(b) 共阴极BS201A电路　　　(c) 共阳极BS201B电路

图 4-24　七段发光二极管显示器

2. 中规模集成数码显示译码器(代码转换器)

驱动共阴极显示器需要输出为高电平有效的显示译码器，而驱动共阳极显示器则需要输出为低电平有效的显示译码器。表 4-11 为 7448 七段发光二极管显示译码器的功能表。

表 4-11　7448 七段发光二极管显示译码器的功能表

功能	输　入						输入/输出	输　出							字形
	LT	RBI	D	C	B	A	BI/RBO	a	b	c	d	e	f	g	
灭灯	×	×	×	×	×	×	0	0	0	0	0	0	0	0	
试灯	0	×	×	×	×	×	1	1	1	1	1	1	1	1	8
灭零	1	0	0	0	0	0	0	0	0	0	0	0	0	0	
对输入代码译码	1	1	0	0	0	0	1	1	1	1	1	1	1	0	0
	1	×	0	0	0	1	1	0	1	1	0	0	0	0	1
	1	×	0	0	1	0	1	1	1	0	1	1	0	1	2
	1	×	0	0	1	1	1	1	1	1	1	0	0	1	3
	1	×	0	1	0	0	1	0	1	1	0	0	1	1	4
	1	×	0	1	0	1	1	1	0	1	1	0	1	1	5
	1	×	0	1	1	0	1	0	0	1	1	1	1	1	6
	1	×	0	1	1	1	1	1	1	1	0	0	0	0	7
	1	×	1	0	0	0	1	1	1	1	1	1	1	1	8
	1	×	1	0	0	1	1	1	1	1	0	0	1	1	9

从功能表可看出，7448 七段显示译码器数据输出信号 $abcdefg$ 为高电平有效，用以驱

动共阴极显示器；数据输入信号 $DCBA$ 为 8421BCD 码。除此之外，译码器还有 4 个控制信号端 BI、LT、RBI、RBO。7448 七段显示译码器各个端口的功能如下。

1）灭灯

BI/RBO 为特殊控制端，有时作为输入端 BI，有时作为输出端 RBO。当 BI/RBO 作为输入端使用时，只要 $BI=0$，无论其他输入端是什么状态，所有数据输出端 $a\sim g$ 均为 0，字形熄灭。所以 BI 称为灭灯输入，低电平有效。

2）试灯

当 $LT=0$，BI/RBO 作为输出端使用时，无论其他输入端是什么状态，所有数据输出端 $a\sim g$ 均为 1，显示字形 8。故 LT 称为试灯输入，低电平有效。灭灯和试灯功能常用于检查 7448 本身及显示器的好坏。

3）灭零

当 $LT=1$，BI/RBO 作为输出端使用，$RBI=0$，且输入代码 $DCBA=0000$ 时，数据输出端 $a\sim g$ 均为 0，与输入代码相应的字形"0"熄灭，同时输入端 $RBO=0$（其他状态下均为 1）。因而，RBI 称为灭零输入，RBO 称为灭零输出，均为低电平有效。利用灭零功能可以实现某一位 0 的消隐。

4）对输入代码译码

当 $LT=1$，BI/RBO 作为输出端时，芯片处于显示译码状态。当 $RBI=1$ 时，译码器根据 $DCBA$ 输入的 8421BCD 码，数据输出端 $a\sim g$ 产生相应的译码信号，用于驱动显示器显示十进制数；当 $RBI=0$ 时，译码器只对输入代码 0000 禁止译码，而对其余输入代码仍正常译码。

灭零功能主要用于显示多位十进制数字时，多个译码器之间的连接，会消去高位的零。这个内容留给读者自己思考。

4.5　数据分配器与数据选择器

4.5.1　数据分配器

在数据传送中，有时需要将某一路数据分配到不同的数据通道上，实现这种功能的电路称为数据分配器，也称多路分配器。图 4-25 为 4 路数据分配器的功能示意图，图中 S 相当于一个由信号 A_1A_0 控制的单刀多掷输出开关，输入数据 D 在地址 A_1A_0 的控制下，传送到输出端 $Y_0\sim Y_3$ 任意一个数据通道上。例如，$A_1A_0=01$，S 开关合向 Y_1，输入数据 D 被传送到 Y_1 通道上。也可以用 74138 译码器实现 8 路数据分配的功能，74138 作为 8 路数据分配器的逻辑电路，如图 4-26 所示。

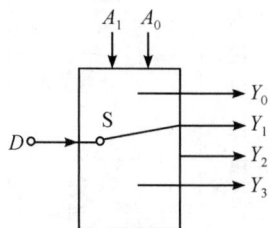

图 4-25　4 路数据分配器的功能示意图

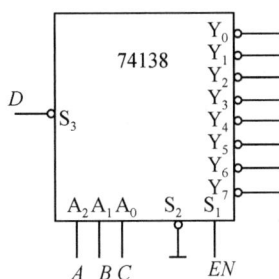

图 4-26 用 74138 作为数据分配器

从图 4-26 中可看出，74138 的 3 个译码输入用作数据分配器的地址输入 A、B、C，8 个输出 $\overline{Y_0} \sim \overline{Y_7}$ 用作 8 路数据输出，3 个使能控制端中的 $\overline{S_3}$ 用作数据输入端，$\overline{S_2}$ 接地，S_1 用作使能控制端。当 $S_1 = 1$ 时，允许数据分配，若需要将输入数据传送至输出端 $\overline{Y_2}$，地址输入应为 $ABC = 010$。74138 译码器作为数据分配器的功能表如表 4-12 所示。

表 4-12 74138 译码器作为数据分配器的功能表

输　　入						输　　出							
S_1	$\overline{S_2}$	$\overline{S_3}$	A	B	C	$\overline{Y_7}$	$\overline{Y_6}$	$\overline{Y_5}$	$\overline{Y_4}$	$\overline{Y_3}$	$\overline{Y_2}$	$\overline{Y_1}$	$\overline{Y_0}$
0	0	×	×	×	×	1	1	1	1	1	1	1	1
1	0	D	0	0	0	1	1	1	1	1	1	1	D
1	0	D	0	0	1	1	1	1	1	1	1	D	1
1	0	D	0	1	0	1	1	1	1	1	D	1	1
1	0	D	0	1	1	1	1	1	1	D	1	1	1
1	0	D	1	0	0	1	1	1	D	1	1	1	1
1	0	D	1	0	1	1	1	D	1	1	1	1	1
1	0	D	1	1	0	1	D	1	1	1	1	1	1
1	0	D	1	1	1	D	1	1	1	1	1	1	1

注：74138 译码器输出为低电平有效。

4.5.2 数据选择器

从一组输入数据中选出需要的一个数据作为输出的过程叫作数据选择，具有数据选择功能的电路称为数据选择器。常用的数据选择器产品有 4 选 1、8 选 1 和 16 选 1 等。

1. 4 选 1 数据选择器

4 选 1 数据选择器的逻辑电路图和逻辑符号分别如图 4-27(a)、(b)所示。其中，A_1A_0 为地址控制信号(也称为选择信号)，$D_3 \sim D_0$ 为数据输入端，Y 为数据输出端，E 为使能控制端。

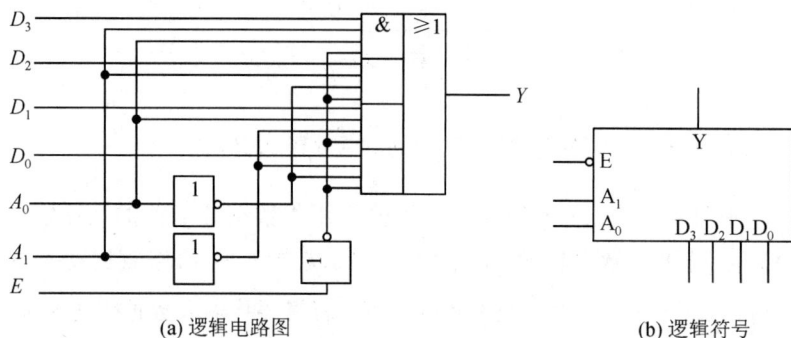

(a) 逻辑电路图　　　　　　　　(b) 逻辑符号

图 4-27　4 选 1 数据选择器

当 $E=0$ 时，由逻辑电路图可以得到其输出逻辑表达式为

$$Y = \overline{A_1}\,\overline{A_0}D_0 + \overline{A_1}A_0D_1 + A_1\overline{A_0}D_2 + A_1A_0D_3$$

由输出逻辑表达式可推导出输出与数据输入之间的功能表，如表 4-13 所示。

表 4-13　4 选 1 数据选择器的功能表

输　入	地　址　输　入		输　出
E	A_1	A_0	Y
1	$\times$	$\times$	0
0	0	0	D_0
0	0	1	D_1
0	1	0	D_2
0	1	1	D_3

常用的中规模数据选择器集成电路有双 4 选 1 数据选择器 74153、8 选 1 数据选择器 74151 和 74152、16 选 1 数据选择器 74150 等。

2. 8 选 1 数据选择器

8 选 1 数据选择器 74151 的逻辑电路图如图 4-28(a)所示，逻辑符号如图 4-28(b)所示，该逻辑电路的基本结构为与或非形式，功能表如表 4-14 所示。由表 4-14 可知，它有一个输入使能端 G，低电平有效；三个地址输入端 A、B、C，每次可选择 $D_0 \sim D_7$ 8 个数据中的一个；具有两个互补的输出端，同相输出端 Y 和反相输出端 W。

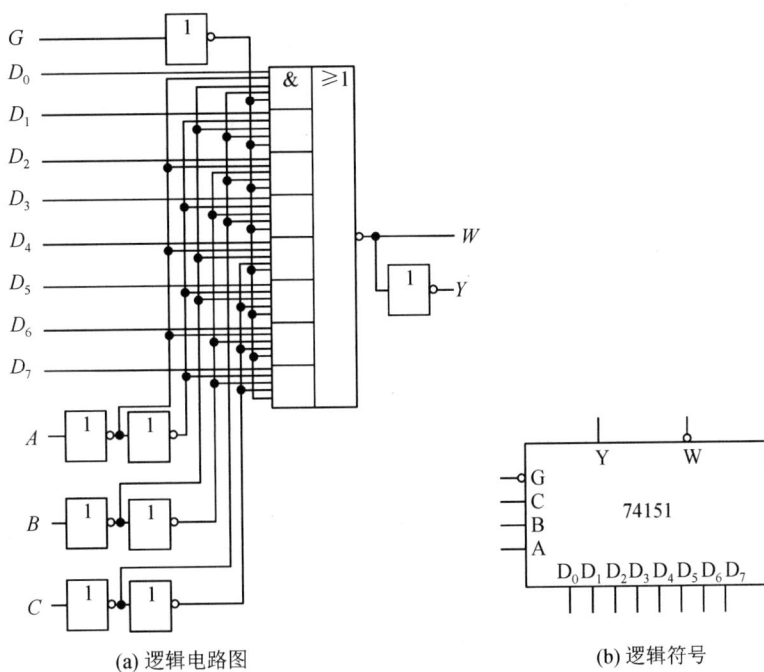

(a) 逻辑电路图

(b) 逻辑符号

图 4-28 8 选 1 数据选择器 74151 的逻辑电路图和逻辑符号

表 4-14 8 选 1 数据选择器 74151 的功能表

输　入				输　出	
使能	地　　址			Y	W
G	C	B	A		
1	$\times$	$\times$	$\times$	0	1
0	0	0	0	D_0	$\overline{D_0}$
0	0	0	1	D_1	$\overline{D_1}$
0	0	1	0	D_2	$\overline{D_2}$
0	0	1	1	D_3	$\overline{D_3}$
0	1	0	0	D_4	$\overline{D_4}$
0	1	0	1	D_5	$\overline{D_5}$
0	1	1	0	D_6	$\overline{D_6}$
0	1	1	1	D_7	$\overline{D_7}$

当使能控制端 $G=0$ 时，输出 Y 的逻辑表达式为

$$Y = \overline{C}\,\overline{B}\,\overline{A}D_0 + \overline{C}\,\overline{B}AD_1 + \overline{C}B\overline{A}D_2 + \overline{C}BAD_3 + C\overline{B}\,\overline{A}D_4 + C\overline{B}AD_5 + CB\overline{A}D_6 + CBAD_7$$

从逻辑表达式中可以看出，当 C、B、A 作为地址输入，相当于一个最小项，最小项的下标值对应数据输出的下标，这样可以实现 8 选 1 数据选择。例如，当 $CBA=011$ 时，最小项编号的下标就是 3，输出就是 D_3。也可以把 CBA 的取值代入逻辑表达式中，得到的结果和利用最小项的性质是一致的。

3. 数据选择器实现组合逻辑函数

数据选择器除完成数据选择的功能外，若将地址输入作为各输入变量，数据输入端作为控制信号，则可构成组合逻辑函数。

【**例 4 - 9**】 试用 8 选 1 数据选择器 74151 实现如表 4 - 15 所示逻辑函数。

表 4 - 15 例 4 - 9 的真值表

C	B	A	Y
0	0	0	0
0	0	1	0
0	1	0	0
0	1	1	1
1	0	0	1
1	0	1	0
1	1	0	1
1	1	1	1

解：（1）根据如表 4 - 15 所示真值表，可以写出输出逻辑表达式为

$$Y = \overline{C}BA + C\overline{B}\,\overline{A} + CB\overline{A} + CBA$$

（2）将逻辑表达式与 8 选 1 数据选择器的表达式比较，可得 $D_3 = D_4 = D_6 = D_7 = 1$，$D_0 = D_1 = D_2 = D_5 = 0$。则可用 74151 实现组合逻辑函数，逻辑电路图如图 4 - 29 所示。

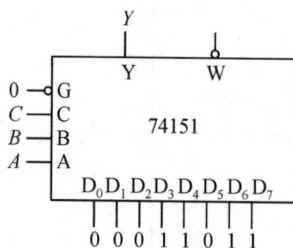

图 4 - 29 例 4 - 9 的逻辑电路图

【**例 4 - 10**】 试用 4 选 1 数据选择器实现逻辑函数 $F(A、B、C) = \overline{A}\,\overline{C} + AB + AC$。

解：根据逻辑表达式写出真值表，如表 4 - 16 所示。

表 4 - 16 例 4 - 10 的真值表

A	B	C	F
0	0	0	1
0	0	1	0
0	1	0	1
0	1	1	0
1	0	0	0
1	0	1	1
1	1	0	1
1	1	1	1

由表 4 - 16 可知,若选 A、B 作为 4 选 1 数据选择器的地址选择码,则可通过比较变量 C 和输出 F 的关系,得到如图 4 - 30 所示的逻辑电路图。

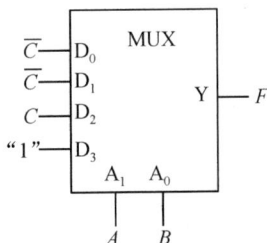

图 4 - 30 例 4 - 10 的逻辑电路图

【例 4 - 11】 试分析如图 4 - 31 所示的 4 选 1 数据选择器的逻辑电路。

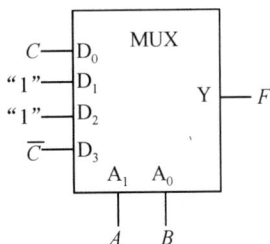

图 4 - 31 例 4 - 11 的逻辑电路图

解:由 4 选 1 数据选择器的逻辑表达式可得

$$F = \overline{A}\,\overline{B}C + \overline{A}B \cdot 1 + A\overline{B} \cdot 1 + AB\overline{C}$$
$$= \overline{A}\,\overline{B}C + \overline{A}B + A\overline{B} + AB\overline{C}$$

写出逻辑表达式的真值表,如表 4 - 17 所示。

表 4 - 17　例 4 - 11 的真值表

A	B	C	F
0	0	0	0
0	0	1	1
0	1	0	1
0	1	1	1
1	0	0	1
1	0	1	1
1	1	0	1
1	1	1	0

从真值表可知,电路在输入变量相同的情况下,输出为 0,否则输出为 1,即该电路实现了"不一致"的功能。

【例 4 - 12】　试用 4 选 1 数据选择器实现下列逻辑表达式:

$$F(A、B、C、D) = \overline{A}\,\overline{B}C + \overline{A}\,\overline{B}D + \overline{A}B\overline{C} + ABD + A\overline{B}$$

解:选择 A、B 作为地址码,由此得到的逻辑表达式为

$$F(A、B、C、D) = \overline{A}\,\overline{B}(C+D) + \overline{A}B\overline{C} + A\overline{B} \cdot 1 + ABD$$

即 $D_0 = C + D$,$D_1 = \overline{C}$,$D_2 = 1$,$D_3 = D$。根据逻辑表达式画出实现的逻辑电路图如图 4 - 32 所示。

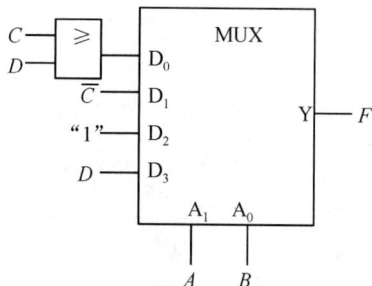

图 4 - 32　例 4 - 12 的逻辑电路图

4.6　加　法　器

计算机中完成各种复杂运算的基础是算术加法运算,完成算术加法运算的电路是加法器。加法器是产生数的和的装置。

4.6.1　半加器

两个 1 位二进制数相加,若只考虑两个加数本身,而不考虑由低位来的进位,则称为

半加,实现半加运算的逻辑电路称为半加器。半加器的真值表如表 4-18 所示,表中 A 和 B 分别表示被加数和加数,S 表示和数,C 表示相加后向相邻高位的进位情况,$C=1$ 表示有进位产生,$C=0$ 表示没有进位产生。

表 4-18　半加器的真值表

A	B	S	C
0	0	0	0
0	1	1	0
1	0	1	0
1	1	0	1

由真值表可以直接写出输出逻辑表达式为

$$S = A\overline{B} + \overline{A}B = A \oplus B, \ C = AB$$

半加器的逻辑电路图如图 4-33(a)所示,逻辑符号如图 4-33(b)所示。

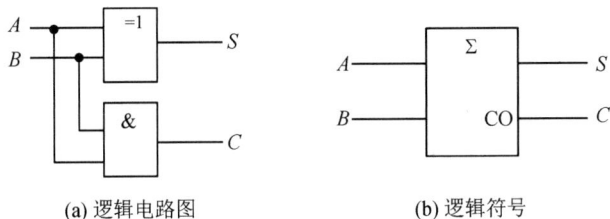

(a) 逻辑电路图　　　　　(b) 逻辑符号

图 4-33　半加器

4.6.2　全加器

全加器能实现被加数、加数和低位来的进位数的相加,并根据求和结果给出该位向高位的进位信号。根据全加器的功能,可列出它的真值表,如表 4-19 所示。表中 A_i 和 B_i 分别是被加数和加数,C_i 为相邻低位来的进位数,S_i 为本位和数(称为全加和),C_{i+1} 为相加产生的进位数。

表 4-19　全加器的真值表

A_i	B_i	C_i	S_i	C_{i+1}
0	0	0	0	0
0	0	1	1	0
0	1	0	1	0
0	1	1	0	1
1	0	0	1	0
1	0	1	0	1
1	1	0	0	1
1	1	1	1	1

由真值表可以写出输出逻辑表达式为

$$S_i = \overline{A_i}\,\overline{B_i}C_i + \overline{A_i}B_i\overline{C_i} + A_i\overline{B_i}\,\overline{C_i} + A_iB_iC_i$$

$$= A_i \oplus B_i \oplus C_i$$

$$C_{i+1} = \overline{A_i}B_iC_i + A_i\overline{B_i}C_i + A_iB_i\overline{C_i} + A_iB_iC_i$$

$$= (A_i \oplus B_i)C_i + A_iB_i$$

1 位全加器的逻辑电路图如图 4-34(a)所示，逻辑符号如图 4-34(b)所示。

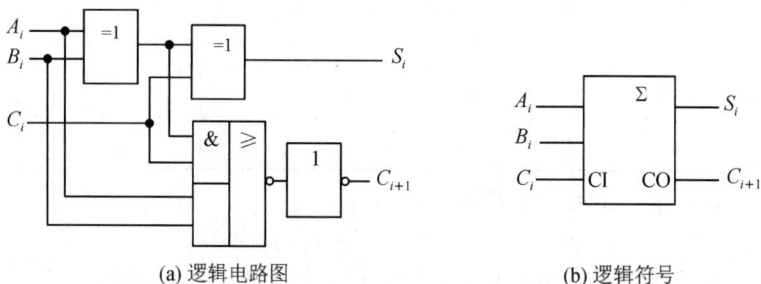

(a) 逻辑电路图   (b) 逻辑符号

图 4-34 全加器

关于 1 位二进制全加器的设计与实现，方案有多种，除了本方法用到的与或非门，有时也可以用或非门实现，甚至可以采用半加器、与非门等。每个方案都实现了相同的逻辑功能，只是优先考虑进位速度、电路成本等因素，而采用不同的方案。对于各级间省去了耦合门，进位速度快的与或非门使用较多，其余方案，不再一一列举。

实现多位二进制数相加的电路称为加法器。根据进位方式不同，加法器分为串行进位加法器和超前进位加法器。下面分别讨论这两种加法器的设计，首先介绍 4 位串行进位加法器。

将 4 个全加器一次级联起来，就构成了 4 位串行进位加法器，逻辑电路图如图 4-35 所示。

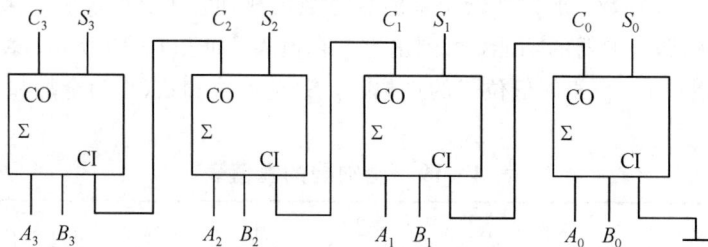

图 4-35 4 位串行进位加法器

从图 4-35 中可以看出，被加数和加数各位是同时加到各位的输入端，而各位全加器的进位输入则是按照由低向高逐级串行传送的，各进位形成一个进位链。由于每位相加的和都与本位的进位输入有关，因此，最高位必须等到各低位全部完成相加并送来进位信号才能产生运算结果。显然，这种加法器的位数越多，运算速度就越慢。所以，这种加法器的优点是电路结构连接方便；缺点是运算速度慢。

由串行进位加法器可知，为了提高运算速度，必须设法减小或消除由于进位信号逐级传递所浪费的时间。这就要求各位的进位信号能被事先知道。对于 4 位加法器，由每一位进位信号表达式可知，只要 $A_3A_2A_1A_0$、$B_3B_2B_1B_0$ 和最低位进位给出后，可计算出其他进位。这样，若用逻辑门实现每一位进位，并将结果送到相应全加器的进位输入端，则每一级的全加运算就不需要等待了，4 位超前进位加法器就是由 4 个全加器和相应的进位逻辑电路构成的。据此构成的集成芯片有 74LS283 或 74283，图 4 - 36 为 4 位二进制超前进位加法器 74283 的引脚图。

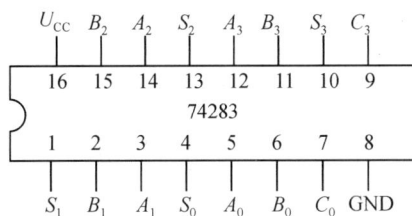

图 4 - 36　4 位二进制超前进位加法器的引脚图

图 4 - 36 中，$A_3 A_2 A_1 A_0$ 和 $B_3 B_2 B_1 B_0$ 分别为 4 位二进制被加数和加数输入，C_0 为最低位的进位输入，C_3 为相加后的进位输出，$S_3 S_2 S_1 S_0$ 为相加结果的 4 位和输出，U_{CC} 为电源端，GND 为接地端。

4.7　数 值 比 较 器

在数字系统中，用来比较两个二进制数大小及是否相等的电路称为数值比较器。

4.7.1　数值比较器的工作原理

1 位数值比较器是多位数值比较器的基础。当 A 和 B 都是 1 位二进制数时，它们的取值和比较结果可由 1 位数值比较器的真值表表示，如表 4 - 20 所示。

表 4 - 20　1 位数值比较器的真值表

输　　入		输　　出		
A	B	$F_{A>B}$	$F_{A<B}$	$F_{A=B}$
0	0	0	0	1
0	1	0	1	0
1	0	1	0	0
1	1	0	0	1

由真值表可得输出逻辑表达式为

$$F_{A>B} = A\overline{B}$$

$$F_{A<B} = \overline{A}B$$

$$F_{A=B} = \overline{A}\,\overline{B} + AB = \overline{A \oplus B}$$

由逻辑表达式可画出如图 4 - 37 所示的逻辑电路图。

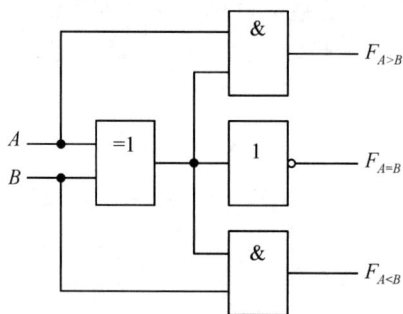

图 4 - 37 1 位数值比较器的逻辑电路图

4.7.2 集成数值比较器

集成数值比较器 74LS85(也称 7485)是 4 位数值比较器。两个 4 位数的比较是从 A 的最高位 A_3 和 B 的最高位 B_3 开始比较的,若它们不相等,则该位的比较结果可以作为两数的比较结果。若最高位 $A_3 = B_3$,则再比较次高位 A_2 和 B_2,以此类推。显然,如果两数相等,那么比较步骤必须进行到最低位才能得到结果。7485 的功能表如表 4 - 21 所示。表中 $A_3 \sim A_0$ 和 $B_3 \sim B_0$ 为待比较的两个 4 位二进制数,$I_{A>B}$、$I_{A<B}$ 和 $I_{A=B}$ 为级联输入端,$F_{A>B}$、$F_{A<B}$ 和 $F_{A=B}$ 为比较结果输出端。根据数值比较器的工作原理可知,在没有低位参与比较时,芯片的级联输入端 $I_{A>B}$、$I_{A<B}$ 和 $I_{A=B}$ 应分别接 001,以便在 A、B 两数相等时,产生 $A = B$ 的比较结果。这在使用时应该注意。

表 4 - 21 7485 的功能表

数 码 输 入				级 联 输 入			输 出		
$A_3 B_3$	$A_2 B_2$	$A_1 B_1$	$A_0 B_0$	$I_{A>B}$	$I_{A<B}$	$I_{A=B}$	$F_{A>B}$	$F_{A<B}$	$F_{A=B}$
$A_3 > B_3$	$\times$	$\times$	$\times$	$\times$	$\times$	$\times$	1	0	0
$A_3 < B_3$	$\times$	$\times$	$\times$	$\times$	$\times$	$\times$	0	1	0
$A_3 = B_3$	$A_2 > B_2$	$\times$	$\times$	$\times$	$\times$	$\times$	1	0	0
$A_3 = B_3$	$A_2 < B_2$	$\times$	$\times$	$\times$	$\times$	$\times$	0	1	0
$A_3 = B_3$	$A_2 = B_2$	$A_1 > B_1$	$\times$	$\times$	$\times$	$\times$	1	0	0
$A_3 = B_3$	$A_2 = B_2$	$A_1 < B_1$	$\times$	$\times$	$\times$	$\times$	0	1	0
$A_3 = B_3$	$A_2 = B_2$	$A_1 = B_1$	$A_0 > B_0$	$\times$	$\times$	$\times$	1	0	0
$A_3 = B_3$	$A_2 = B_2$	$A_1 = B_1$	$A_0 < B_0$	$\times$	$\times$	$\times$	0	1	0
$A_3 = B_3$	$A_2 = B_2$	$A_1 = B_1$	$A_0 = B_0$	1	0	0	1	0	0
$A_3 = B_3$	$A_2 = B_2$	$A_1 = B_1$	$A_0 = B_0$	0	1	0	0	1	0
$A_3 = B_3$	$A_2 = B_2$	$A_1 = B_1$	$A_0 = B_0$	0	0	1	0	0	1

　　4 位数值比较器可以用来比较两个 4 位或小于 4 位的二进制数的大小，但当比较的位数多于 4 位时，需要用到 7485 芯片的级联，即将多个比较器级联起来。利用 3 个级联输入端，可以方便地实现比较器功能的扩展，这部分知识有兴趣的读者可查找资料自学。

　　【例 4 - 13】 试用两片 7485 构成 8 位数值比较器，画出逻辑电路图。

　　解： 根据题意，用两片 7485 构成 8 位数值比较器如图 4 - 38 所示。7485(C_0)为低 4 位数值比较器，级联输入端 $I_{A>B}=I_{A<B}=0$，$I_{A=B}=1$，其输出端 $F_{A>B}$、$F_{A<B}$、$F_{A=B}$ 分别接高 4 位数值比较器 7485(C_1)的级联输入端 $I_{A>B}$、$I_{A<B}$、$I_{A=B}$，7485(C_1) 的 $F_{A>B}$、$F_{A<B}$、$F_{A=B}$ 为 8 位数值比较器的输出。对于两个 8 位数，若高 4 位相同，它们的大小则由低 4 位比较器的比较结果确定。因此，低 4 位的比较结果应作为高 4 位的条件，即低 4 位比较器的输出端应分别与高 4 位比较器的级联输入端连接。

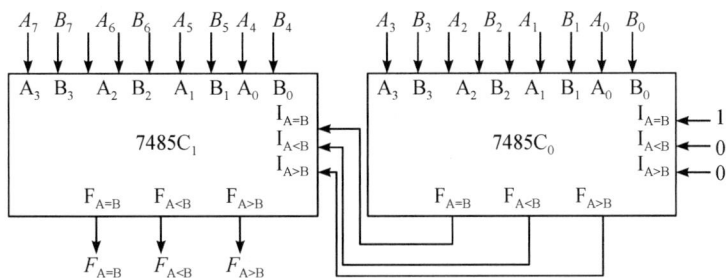

图 4 - 38　例 4 - 13 的逻辑电路图

　　【例 4 - 14】 试用数值比较器实现如表 4 - 22 所示逻辑函数。

表 4 - 22　例 4 - 14 的真值表

A_3	A_2	A_1	A_0	F_1	F_2	F_3
0	0	0	0	0	1	0
0	0	0	1	0	1	0
0	0	1	0	0	1	0
0	0	1	1	0	1	0
0	1	0	0	0	1	0
0	1	0	1	0	1	0
0	1	1	0	1	0	0
0	1	1	1	0	0	1
1	0	0	0	0	0	1
1	0	0	1	0	0	1
1	0	1	0	0	0	1
1	0	1	1	0	0	1
1	1	0	0	0	0	1

　　解： 由表 4 - 22 可知，当 $A_3A_2A_1A_0 > 0110$ 时，$F_3 = 1$；当 $A_3A_2A_1A_0 < 0110$ 时，

$F_2=1$；当 $A_3A_2A_1A_0=0110$ 时，$F_1=1$。因此，可以用一片 7485 数值比较器实现上述逻辑功能，将输入数据 $A_3A_2A_1A_0$ 与 0110 比较，级联输入端 $I_{A>B}=I_{A<B}=0$，$I_{A=B}=1$，逻辑电路图如图 4-39 所示。

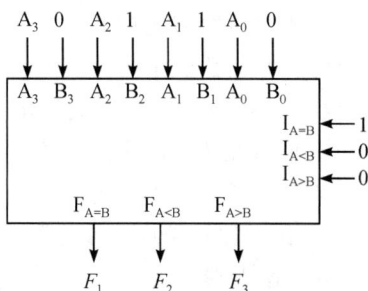

图 4-39　例 4-14 的逻辑电路图

本 章 小 结

　　(1) 组合逻辑电路是指任一时刻的输出仅取决于该时刻输入信号的取值组合，而与电路原有状态无关的电路。它在逻辑功能上的特点是：没有存储和记忆作用。在电路结构上的特点是：由各种门电路组成，不含记忆单元，只存在从输入到输出的通路，没有反馈回路。

　　(2) 组合逻辑电路的基本分析方法是：根据给定逻辑电路逐级写出输出逻辑表达式，并进行必要的化简和变换，然后列出真值表，确定电路的逻辑功能。组合逻辑电路的基本设计方法是：根据给定设计任务进行逻辑抽象，列出真值表，然后写出输出逻辑表达式并进行适当化简和变换，求出最简表达式，从而画出最简逻辑电路图。

　　(3) 以逻辑门为基本单元的电路设计，其最简含义是：逻辑门数目最少，且各个逻辑门输入端的数目和电路的级数也最少，没有竞争冒险。以 MSI 组件为基本单元的电路设计，其最简含义是：MSI 组件个数最少，种类最少，组件之间的连线最少。

　　(4) 编码器、译码器、数据分配器、数据选择器、加法器和数值比较器等是常用的 MSI 组合逻辑部件，学习时应重点掌握其逻辑功能及应用。

　　(5) 同一个门的一组输入信号到达的时间有先有后，这种现象称为竞争。由竞争而导致输出产生尖峰干扰脉冲的现象，称为冒险。竞争冒险可能导致负载电路误动作，应用中需注意。

习 题 4

一、选择题

1. 编码器要对 30 个信号进行编码，则输出二进制代码位数最少需要(　　)位。

A. 5　　　　　　　B. 6　　　　　　　C. 10　　　　　　D. 50

2. 一个 8 选 1 的数据选择器，当控制端 $A_2A_1A_0$ 的值为 100 时，输出端输出（　　）的值。

A. 1　　　　　　　B. 0　　　　　　　C. D_4　　　　　　D. D_5

3. 一个 8 选 1 的数据选择器，其选择控制（地址）输入端有（　　）个，数据输入端有（　　）个，输出端有（　　）个。

A. 1　　　　　　　B. 2　　　　　　　C. 3　　　　　　　D. 8

4. 一个译码器若有 50 个译码输出端，则译码输入端最少有（　　）个。

A. 5　　　　　　　B. 6　　　　　　　C. 7　　　　　　　D. 8

5. 能实现 1 位二进制带进位加法运算的是（　　）。

A. 半加器　　　　　　　　　　　B. 全加器

C. 加法器　　　　　　　　　　　D. 运算器

6. 能实现并-串转换的是（　　）。

A. 数值比较器　　　　　　　　　B. 译码器

C. 数据选择器　　　　　　　　　D. 数据分配器

7. 4 位输入的二进制译码器，其输出应有（　　）位。

A. 16　　　　　　　B. 8　　　　　　　C. 4　　　　　　　D. 1

8. 欲设计一个 8 位数值比较器，需要（　　）位数据输入及（　　）位输出信号。

A. 8，3　　　　　　　　　　　　B. 16，3

C. 8，8　　　　　　　　　　　　D. 16，16

二、填空题

1. 组合逻辑电路的分析是指根据给定的逻辑电路图分析出其＿＿＿＿＿＿＿＿＿＿与＿＿＿＿＿＿＿＿＿之间的逻辑关系，从而确定其逻辑功能。

2. 组合逻辑电路的设计过程是根据给定的命题，设计出能实现＿＿＿＿＿＿的逻辑电路图，最后画出由逻辑门或逻辑器件实现的＿＿＿＿＿＿。

3. 竞争是发生在从＿＿＿＿＿变到＿＿＿＿＿的过程中。

4. 编码器是一个＿＿＿＿＿、＿＿＿＿＿＿的电路，每次只有一个输入信号被转换为二进制代码。

5. 译码器的一个常用应用是可以实现＿＿＿＿＿。

6. 全加器能进行＿＿＿＿＿、＿＿＿＿＿和＿＿＿＿＿＿＿相加，并根据求和结果给出该位的进位信号。

三、简答题

1. 写出组合逻辑电路的分析步骤。

2. 写出组合逻辑电路的设计步骤。

3. 简述 74148 优先编码器的工作原理。

4. 简述 74138 译码器的工作原理。

5. 如何消除电路中产生的竞争冒险？

四、综合题

1. 试写出如图 4-40 和图 4-41 所示的逻辑电路图的逻辑表达式。

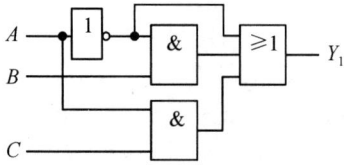

图 4 - 40　3 变量逻辑电路图

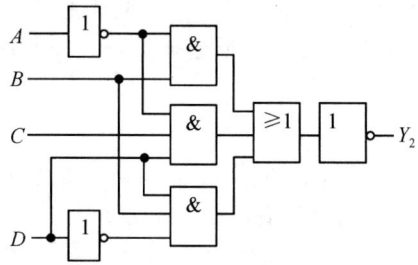

图 4 - 41　4 变量逻辑电路图

2. 使用与门、或门实现如下逻辑表达式：

(1) $Y_1 = ABC + D$

(2) $Y_2 = A(CD + B)$

(3) $Y_3 = AB + C$

3. 试写出如图 4 - 42 所示电路的逻辑表达式，列出真值表，并分析该电路的逻辑功能。

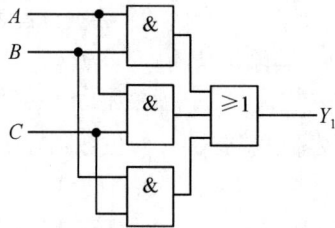

图 4 - 42　与门和或门构成的逻辑电路图

4. 用 3 线-8 线译码器 74138 和与非门实现输出函数 $Y = AB + BC + AC$。

5. 试用 8 选 1 数据选择器 74151 实现如下函数：

(1) $Y_1 = AB + BC$

(2) $Y_2 = \overline{A}BD + \overline{A}B\overline{C}$

第 5 章 触 发 器

本章导读

在数字系统中，常使用触发器来存储二进制编码信息，触发器是一种具有记忆功能的器件，也是构成时序逻辑电路的基本器件。本章讨论的触发器是双稳态触发器，简称触发器。

触发器有两个输出端 Q 和 $\overline{Q}$，这是一对互补输出端，触发器的状态由 Q 端定义，若 $Q=0$，则触发器处于"0"状态，若 $Q=1$，则触发器处于"1"状态，触发器的状态不仅与输入有关，还与它原来的输出状态有关。若没有激励信号，则触发器保持原来的状态。

触发器在接收信号前的状态为原态（也称现态），用 Q^n 来表示，接收信号后的状态为次态，用 Q^{n+1} 来表示。允许触发器输出状态改变的输入信号称为触发信号或激励信号，触发信号的形式称为触发方式，可分为电平触发方式、脉冲触发方式和边沿触发方式，触发器输出状态的改变称为翻转。不同的触发器具有不同的逻辑功能，在电路结构和触发方式方面也有不同的种类。根据电路功能，触发器可分为 RS 触发器、JK 触发器、D 触发器和 T 触发器。根据电路结构，触发器可分为基本 RS 触发器、钟控触发器、主从触发器和边沿触发器。

本章将介绍各种结构不同的触发器的工作原理、特点、逻辑功能的表示方法、触发方式等，为学习时序逻辑电路打下基础。

学习目标

（1）了解触发器的概念、特点和作用；

（2）掌握不同类型的触发器的电路结构和工作原理；

（3）掌握不同类型的触发器的逻辑功能表示方法；

（4）理解触发器的分类；

（5）理解各种触发器之间的转换方法。

思政教学目标

通过学习各种类型的触发器特点，培养学生爱校和爱家乡的情怀，激发民族自豪感，培养学生效率和创新意识，树立正确的信息社会价值观，培养学生节能环保、精益求精、技术为本的意识。

5.1 基本 RS 触发器

5.1.1 电路结构和工作原理

基本 RS 触发器是最简单的一种触发器，它结构简单，可以用与非门实现，也可以用或非门实现，主要用于产生清 0 信号或置 1 信号，因此也称为置 0、置 1 触发器。

基本 RS 触发器由两个与非门交叉连接构成，如图 5-1 所示，其逻辑符号如图 5-2 所示。两个门的输出端分别称为 Q 和 $\overline{Q}$，有时也称为 1 端和 0 端，正常工作时，Q 和 $\overline{Q}$ 是两个互补的输出信号。通常把 Q 端的状态定义为触发器的状态，即当 $Q=1$ 时，称触发器处于 1 状态，简称 1 态；当 $Q=0$ 时，称触发器处于 0 状态，简称 0 态。基本 RS 触发器有两个输入端，即 S 端和 R 端，均是低电平有效，即当输入信号为 0 时，表示有信号输入，当输入信号为 1 时，表示无信号输入，S 端称为置 1 端，R 端称为置 0 端。

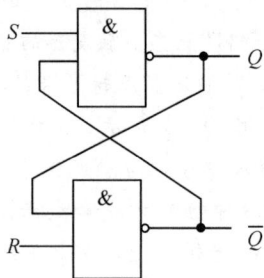

图 5-1 基本 RS 触发器的逻辑电路图　　图 5-2 基本 RS 触发器的逻辑符号

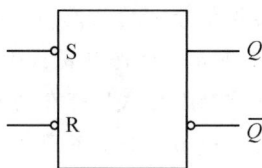

根据输入信号 R、S 不同状态的组合，触发器的输出与输入之间的关系有以下四种：

(1) 当 $R=0$、$S=0$ 时，由于电路为与非门结构，与非门只要有一个输入端是 0，输出即为 1，因此此时输出端 Q 和 $\overline{Q}$ 均为 1，这违背了输出端互补的条件，而当两个输入信号同时跳转到 1 时，触发器的状态不能确定是 1 状态还是 0 状态，因此这种情况是禁止的，应当避免。

(2) 当 $R=0$、$S=1$ 时，由 $R=0$ 可知，$\overline{Q}=1$，再由 $S=1$、$\overline{Q}=1$ 可得 $Q=0$，即此时触发器处于 0 状态，也称复位，因为 R 端加"0"也只能将触发器置 0，所以，将 R 端称为置 0 输入端，习惯上称为复位端。

(3) 当 $R=1$、$S=0$ 时，由 $S=0$ 可知，$Q=1$，再由 $Q=1$、$R=1$ 可得 $\overline{Q}=0$，即此时触发器处于 1 状态，因为 S 端加"0"也只能将触发器置 1，所以，将 S 端称为置 1 输入端，习惯上称为置位端。

(4) 当 $R=1$、$S=1$ 时，触发器的状态是由触发器的原态决定的，若触发器的原态是 $Q=0$、$\overline{Q}=1$，根据与非门的特点，则此时还是 $Q=0$、$\overline{Q}=1$。若触发器的原态是 $Q=1$、$\overline{Q}=0$，则此时触发器还是 $Q=1$、$\overline{Q}=0$，所以输入两个无效信号触发器是维持原态，习惯上称为保持。

综上所述，基本 RS 触发器具有置 0、置 1 和保持的逻辑功能。由于触发器的状态可以随着输入信号的高低电平而发生转变，即允许触发器状态改变的触发信号是电平信号的形式，这种触发方式称为电平触发方式，分为高电平触发和低电平触发两种。

5.1.2　触发器逻辑功能的表示方法

描述触发器逻辑功能的方法有状态转换真值表、特性方程、状态图、时序图和驱动表。

1. 状态转换真值表

通常把触发器接收输入信号之前所处的状态称为原态，并用 Q^n 和 $\overline{Q^n}$ 表示。触发器具有两个稳定的状态，在未接收输入信号前，它总是处于某一个稳态，不是"0"就是"1"。触发器接收输入信号之后转换到新状态称为次态，用 Q^{n+1} 和 $\overline{Q^{n+1}}$ 表示。Q^{n+1} 和 $\overline{Q^{n+1}}$ 的值不仅和输入信号有关，还和 Q^n、$\overline{Q^n}$ 有关。反映触发器次态 Q^{n+1} 与原态 Q^n 和输入 R、S 之间对应关系的表称为状态转换真值表。根据工作原理的分析，可以得出由与非门构成的基本 RS 触发器的状态转换真值表，如表 5-1 所示。该表直观地表示了次态、原态、输入信号之间的对应关系。

表 5-1　由与非门构成的基本 RS 触发器的状态转换真值表

R	S	Q^n	Q^{n+1}	$\overline{Q^{n+1}}$	功能
0	0	0	×	×	不定/禁止
0	0	1	×	×	
0	1	0	0	1	置 0
0	1	1	0	1	
1	0	0	1	0	置 1
1	0	1	1	0	
1	1	0	0	1	保持
1	1	1	1	0	

2. 特性方程

描述触发器功能的逻辑表达式称为特性方程。由表 5-1 可得基本 RS 触发器 Q^{n+1} 的卡诺图，如图 5-3 所示，化简可得基本 RS 触发器的特性方程。为了避免触发器的不确定状态（即禁止），必须加上约束条件，即 R、S 不能同时为 0，因此基本 RS 触发器的特性方程为

$$\begin{cases} Q^{n+1} = \overline{S} + RQ^n \\ S + R = 1 \end{cases}$$

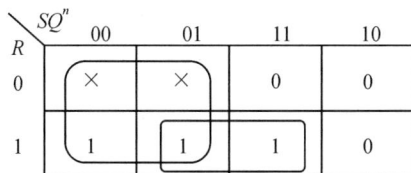

图 5-3　基本 RS 触发器的卡诺图

3. 状态图

将触发器各状态转换的规律及相应的输入取值用图形的方式来表示，称为状态转换图，简称状态图。基本 RS 触发器的状态图如图 5-4 所示，图中用标有"0"符号的圆圈表示触发器的 0 状态，用标有"1"符号的圆圈表示 1 状态，用带箭头的线表示触发器的状态变化方向，箭头指向的是触发器次态，箭尾为触发器的原态，箭头线旁的数据表示触发器状态变化需要的输入条件。状态图可直接由状态转换真值表导出，它也是分析和设计时序逻辑电路的重要工具。

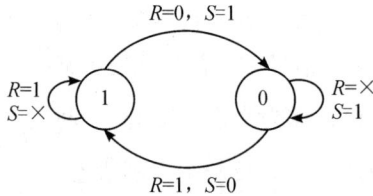

图 5-4   基本 RS 触发器的状态图

4. 时序图

触发器的输出随输入变化的波形图称为时序图。由与非门构成的基本 RS 触发器的时序图如图 5-5 所示(省去了坐标)。$RS=00$ 是不能出现的，为了更深刻地理解触发器的特性，图 5-5 中有意识地加入了这种情况下触发器的波形图。在画时序图时，要先分时段，第一时段前的状态是初态，触发器的初态是随机的，可能是 0 状态，也可能是 1 状态，一般把初态设置为 0 状态。这样，再根据触发器的状态转换真值表一一对应的画出时序图。

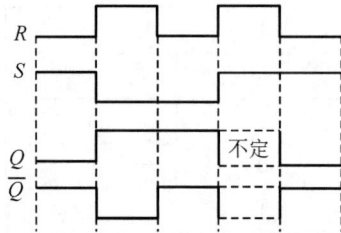

图 5-5   基本 RS 触发器的时序图

5. 驱动表

驱动表(也称激励表)用来描述触发器由原态转换到确定的次态时对输入信号的要求，它可由状态转换真值表或状态图导出，如表 5-2 所示。

表 5-2   基本 RS 触发器的驱动表

Q^n	Q^{n+1}	R	S
0	0	×	1
0	1	1	0
1	0	0	1
1	1	1	×

5.2 钟控触发器

基本 RS 触发器的输入信号直接控制触发器状态的转变，故常称基本 RS 触发器为直接置位或复位触发器。在数字系统中，为了协调各部分电路的运行，常常要求触发器按各自输入信号所决定的状态，在规定的时刻同步触发翻转，这类有时钟控制端的触发器称为钟控触发器（也称为同步触发器）。

5.2.1 钟控 RS 触发器

钟控 RS 触发器的逻辑电路图和逻辑符号如图 5-6 和图 5-7 所示。图 5-6 中，钟控 RS 触发器由 4 个与非门 $G_1 \sim G_4$ 构成，其中 G_1 和 G_2 构成基本 RS 触发器，G_3 和 G_4 构成输入控制电路。输入控制电路由时钟脉冲 CP(Clock Pulse)控制，CP 是有 0 和 1 两种电平的矩形波。当 $CP=0$ 时，无论输入端 R 和 S 取何值，G_3 和 G_4 的输出端始终为 1，所以由 G_1 和 G_2 组成的基本 RS 触发器处于保持状态。当时钟脉冲到达时，CP 端变为 1，R 和 S 输入信号分别经 G_3 和 G_4 引导门反相后，作用到基本 RS 触发器的输入端。在 $CP=1$ 时，当 $R=S=0$ 时，触发器输出保持不变；当 $R=0$、$S=1$ 时，触发器置 1；当 $R=1$、$S=0$ 时，触发器置 0；当 $R=S=1$ 时，触发器的输出端均为 1，违背输出端互补的原则，这是不允许的。钟控 RS 触发器也是有约束条件的，即输入端需要遵守 $RS=0$ 的约束条件。

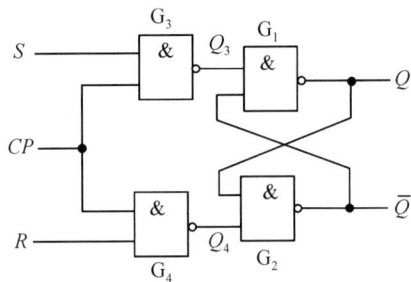

图 5-6　钟控 RS 触发器的逻辑电路图　　　　图 5-7　钟控 RS 触发器的逻辑符号

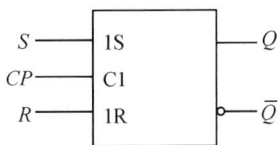

钟控 RS 触发器的状态转换真值表（也称特性表）如表 5-3 所示。从表 5-3 中可以看出，钟控 RS 触发器的逻辑功能是在时钟的控制下，实现置 0、置 1 和保持。由特性表可得 Q^{n+1} 的卡诺图，如图 5-8 所示，化简后的逻辑表达式为

$$Q^{n+1} = S + \overline{R}Q^n$$

为避免触发器的不确定状态，触发器的约束条件是输入信号 S、R 不能同时为 1，所以钟控 RS 触发器的特性方程为

$$\begin{cases} Q^{n+1} = S + \overline{R}Q^n \\ SR = 0 \end{cases}$$

表 5 - 3 钟控 RS 触发器的特性表

CP	R	S	Q^n	Q^{n+1}
0	$\times$	$\times$	0	0
0	$\times$	$\times$	1	1
1	0	0	0	0
1	0	0	1	1
1	0	1	0	1
1	0	1	1	1
1	1	0	0	0
1	1	0	1	0
1	1	1	0	$\times$
1	1	1	1	$\times$

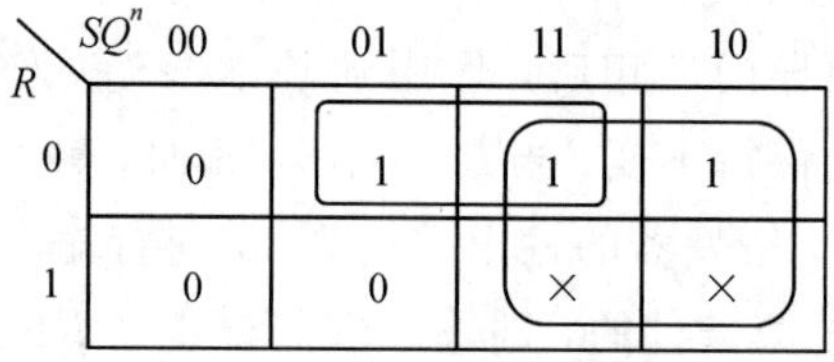

图 5 - 8 Q^{n+1} 的卡诺图

钟控 RS 触发器的状态图如图 5 - 9 所示，驱动表如表 5 - 4 所示。

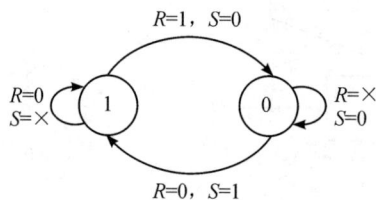

图 5 - 9 钟控 RS 触发器的状态图

表 5 - 4 钟控 RS 触发器的驱动表

R	S	Q^n	Q^{n+1}
$\times$	0	0	0
0	1	0	1
1	0	1	0
0	$\times$	1	1

根据上述分析可知，钟控 RS 触发器的特点是：钟控 RS 触发器的翻转是在时钟脉冲

CP 的控制下进行的，当 $CP=1$ 时，触发器接收输入信号，触发器产生翻转；当 $CP=0$ 时，输入信号封锁，禁止触发器翻转。钟控 RS 触发器的触发方式属于脉冲触发方式。

脉冲触发方式有正脉冲触发方式和负脉冲触发方式。本书介绍的是正脉冲触发方式。

【例 5-1】 假设 CP、S、R 的波形图如图 5-10 所示，试画出 Q 和 $\overline{Q}$ 的波形图，设初始状态 $Q=0$、$\overline{Q}=1$。

解： 在第一个 $CP=1$ 的作用时间内，触发器接收输入信号 $S=1$、$R=0$，输出随输入信号由原态 $Q=0$、$\overline{Q}=1$ 变为次态 $Q=1$、$\overline{Q}=0$；在 $CP=0$ 时，触发器始终封锁输入信号，输出保持不变。在第二个 $CP=1$ 的作用时间内，由于 R、S 没有发生变化，输出保持不变。同理分析第三个和第四个脉冲，输出波形图如图 5-10 所示。

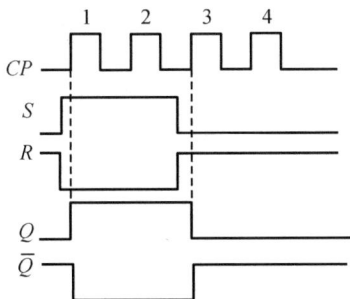

图 5-10 例 5-1 的波形图

5.2.2 钟控 D 触发器

钟控 RS 触发器存在约束条件，给触发器的使用带来不便。而这种约束是因为触发器的两个输入信号同时为高电平，为了防止这种现象的发生，可以用 1 个非门把两个输入信号分开。钟控 D 触发器就是根据这个原理设计出来的。

钟控 D 触发器的逻辑电路图和逻辑符号如图 5-11 所示。其电路结构是把钟控 RS 触发器的 S 输入端改为 D 端，然后经过 G_3 与非门接至 R 端。

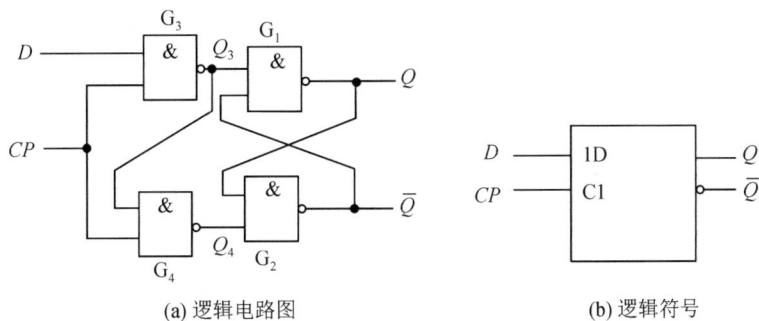

(a) 逻辑电路图　　　　　　　　(b) 逻辑符号

图 5-11 钟控 D 触发器的逻辑电路图和逻辑符号

根据钟控 RS 触发器的特性，很容易推导出钟控 D 触发器的工作原理。当 $D=0$ 时，相当于 $R=1$、$S=0$，触发器置 0；当 $D=1$ 时，相当于 $R=0$、$S=1$，触发器置 1。由此得到钟控 D 触发器的特性表如表 5-5 所示。

表 5 - 5 钟控 D 触发器的特性表

CP	D	Q^{n+1}
0	×	Q^n
1	0	0
1	1	1

从表 5-5 中可得，钟控 D 触发器只有置 0 和置 1 功能，它在 $CP=0$ 时保持触发器状态不变，在 $CP=1$ 时特性方程为

$$Q^{n+1}=D$$

根据钟控 D 触发器的特性表，可以画出它的波形图（也称时序图）如图 5-12 所示，由时序图可知，当 $CP=1$ 时，输出 Q 的波形与输入 D 的波形相同。这种波形变化的特点与集成 D 触发器的不同。集成 D 触发器的状态变化只发生在 CP 脉冲的上升沿或下降沿到来的时候，在 $CP=1$ 期间触发器的状态是不会发生变化的。因此，为了与集成 D 触发器有所区别，一般把钟控 D 触发器称为 D 锁存器。换句话说，D 锁存器是电平触发的，而集成 D 触发器是脉冲边沿触发的。

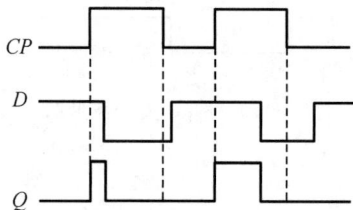

图 5-12　钟控 D 触发器的时序图

5.2.3　钟控 JK 触发器

D 触发器虽然没有约束条件，但功能较少。钟控 JK 触发器是一种功能相对全面，而且没有约束条件的触发器。

钟控 JK 触发器的逻辑电路图和逻辑符号如图 5-13 所示。由逻辑电路图可知，它是在钟控 RS 触发器电路的基础上增加了两条反馈线，一条反馈线把 Q 端的输出信号反馈到原来钟控 RS 触发器的 R 端，并把 R 端改为 K 端；另一条反馈线把 $\overline{Q}$ 端反馈到原来钟控 RS

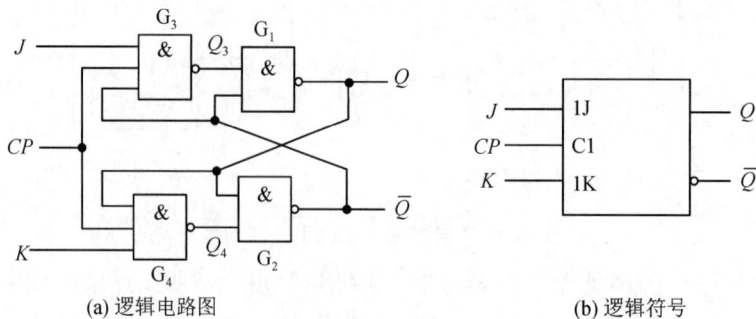

(a) 逻辑电路图　　　　　　　　　　　　　　(b) 逻辑符号

图 5-13　钟控 JK 触发器的逻辑电路图和逻辑符号

触发器的 S 端，同样，S 端改名为 J 端。

钟控 JK 触发器的特性表如表 5-6 所示。

表 5-6　钟控 JK 触发器的特性表

CP	J	K	Q^n	Q^{n+1}
0	$\times$	$\times$	0	0
0	$\times$	$\times$	1	1
1	0	0	0	0
1	0	0	1	1
1	0	1	0	0
1	0	1	1	0
1	1	0	0	1
1	1	0	1	1
1	1	1	0	1
1	1	1	1	0

从特性表可知，钟控 JK 触发器的功能为：当 $CP=0$ 时，触发器的状态保持不变。当 $CP=1$ 时，钟控 JK 触发器的状态根据 J、K 输入的不同信号，分为四种情况，对应于四种不同的功能。当 $J=0$、$K=0$ 时，触发器保持原来的状态；当 $J=0$、$K=1$ 时，是置 0 功能，触发器的输出为 0；当 $J=1$、$K=0$ 时，是置 1 功能，触发器的输出为 1；当 $J=1$、$K=1$ 时，触发器发生翻转，即触发器原来是 0 状态则翻转为 1 状态，原来是 1 状态则翻转为 0 状态。翻转是钟控 JK 触发器增加的功能，在时序逻辑电路中，常常用翻转功能来完成计数，因此翻转也称为计数功能。

根据特性表也可得 Q^{n+1} 的卡诺图如图 5-14 所示，化简后得到特性方程为

$$Q^{n+1}=J\overline{Q^n}+\overline{K}Q^n$$

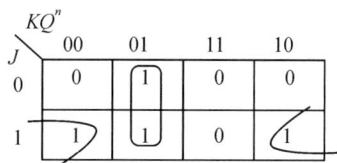

图 5-14　钟控 JK 触发器的卡诺图

钟控 JK 触发器的状态图如图 5-15 所示，驱动表如表 5-7 所示。

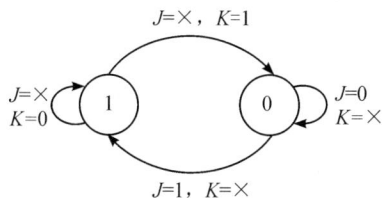

图 5-15　钟控 JK 触发器的状态图

表 5-7 钟控 JK 触发器的驱动表

J	K	Q^{n+1}
0	0	Q^n
0	1	0
1	0	1
1	1	$\overline{Q_n}$

钟控 JK 触发器在实际使用中存在"空翻"现象,处于翻转功能的 JK 触发器,在一个时钟周期内最多只能翻转一次,超过一次的翻转就是空翻。存在空翻现象的触发器会造成数字系统误动作,在使用中会受到限制。

5.2.4 钟控 T 触发器

钟控 T 触发器的逻辑电路图和逻辑符号如图 5-16 所示。钟控 T 触发器是把钟控 JK 触发器的两个输入端合并为一个输入端得到的,并把这个输入端命名为 T。

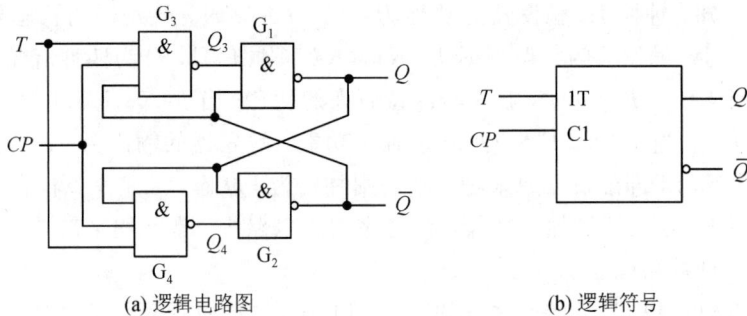

(a) 逻辑电路图　　　　　　　　(b) 逻辑符号

图 5-16　钟控 T 触发器的逻辑电路图和逻辑符号

根据钟控 JK 触发器的特性,可推导出钟控 T 触发器的特性表,如表 5-8 所示。当 $T=0$ 时,相当于 $J=0$、$K=0$,触发器处于保持状态;当 $T=1$ 时,相当于 $J=1$、$K=1$,触发器翻转,次态是原态的反相。用 T 代替钟控 JK 触发器特性方程中的 J 和 K,可得钟控 T 触发器的特性方程为

$$Q^{n+1} = T\overline{Q^n} + \overline{T}Q^n$$

表 5-8　钟控 T 触发器的特性表

T	Q^{n+1}
0	Q^n
1	$\overline{Q_n}$

由于钟控 T 触发器的结构与钟控 JK 触发器的结构相似,因此也存在空翻现象。

把钟控 JK 触发器的两个输入端 J、K 并在一起接在高电平上,即 $J=1$、$K=1$,就得到钟控 T' 触发器电路,对于 TTL 电路,与非门的输入端悬空相当于接高电平,因此可以不

画出，此处电路略(有兴趣的读者可以自学)。即 T' 触发器只有翻转功能，每来一个 CP 脉冲，触发器就翻转一次，所以一般把它称为翻转型触发器。

把 $J=K=1$ 代入 JK 触发器的特性方程中，可得 T' 触发器的特性方程为

$$Q^{n+1} = \overline{Q^n}$$

5.3　集　成　触　发　器

为了方便使用，部分类型触发器已形成集成电路产品。集成触发器主要有主从 RS 触发器、主从 JK 触发器、边沿 JK 触发器和维持-阻塞 D 触发器等，本节主要介绍主从 RS 触发器、主从 JK 触发器和边沿 JK 触发器，其他内容读者可自学。不同结构的集成触发器有各自的特点，在实际使用中可根据自己的需要选择不同的触发器。

5.3.1　主从 RS 触发器

主从 RS 触发器由两级钟控 RS 触发器构成，其中一级接收输入信号，其状态直接由输入信号决定，称为主触发器，还有一级的输入与主触发器的输出连接，其状态由主触发器的状态决定，称为从触发器。主从 RS 触发器的逻辑电路图和逻辑符号如图 5 - 17 所示，两个触发器的逻辑功能和钟控 RS 触发器的逻辑功能完全相同，时钟为互补时钟。

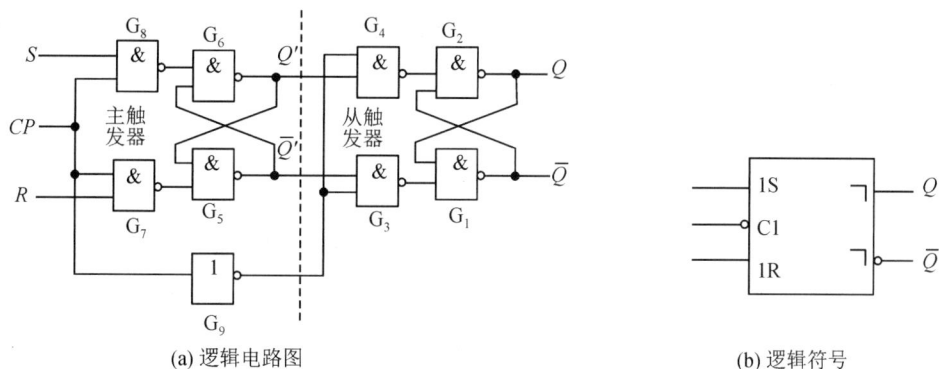

(a) 逻辑电路图　　　　　　　　　　　(b) 逻辑符号

图 5 - 17　主从 RS 触发器的逻辑电路图和逻辑符号

主从 RS 触发器的工作原理如下：

当 $CP=1$ 时，主触发器的输入 G_7 和 G_8 打开，主触发器根据 R、S 的状态触发翻转。从触发器由于 CP 经 G_9 反相后，再经过 G_3 和 G_4 后，逻辑值为 0，封锁了 G_3 和 G_4，其输出状态不受主触发器输出的影响，或者说这时输出状态保持不变。当 CP 由 1 变 0 的一瞬间，情况则相反，G_7 和 G_8 被封锁，输入信号 R、S 不影响主触发器的状态。而这时从触发器的输入门 G_3 和 G_4 则打开，从触发器可以触发翻转，从触发器的输出状态由主触发器在 CP 由 1 变 0 的一瞬间的状态确定，即 $Q=Q'$、$\overline{Q}=\overline{Q'}$。当 CP 一旦达到 0 电平后，主触发器被封锁，其状态不受 R、S 的影响，触发器的状态也不可能再改变。

主从 RS 触发器的逻辑功能与钟控 RS 触发器的逻辑功能相同，因此特性表、特性方

程、状态图和驱动表也完全相同。

主从 RS 触发器的特点如下：

（1）由两个钟控 RS 触发器即主触发器和从触发器组成，它们受互补时钟脉冲控制。

（2）触发器在时钟脉冲作用期间（即 $CP=1$）接收输入信号（实际是主触发器接收），在时钟脉冲的跳变沿（本书讲的是 CP 由 1 变 0，逻辑符号中 CP 也带有小圆圈）允许触发翻转，在时钟脉冲跳变后封锁输入信号，因而触发器的触发方式属于边沿触发。

（3）触发器的翻转状态由主触发器的状态，即时钟脉冲作用期间（CP 为 1 期间）的最后一刻输入信号 R、S 的状态而定。

（4）对于负跳沿触发的触发器，输入信号应在 CP 正跳沿前加入，并在 CP 正跳沿后的高电平期间保持不变，为主触发器触发翻转做好准备，若输入信号在 CP 高电平期间发生改变，则可能使主触发器发生多次翻转，产生逻辑错误。而 CP 正跳沿后的高电平要有一定的延迟时间，以确保主触发器达到新的稳定状态。由于 CP 负跳沿使触发器发生翻转，CP 的低电平也必须有一定的延迟时间，以确保从触发器达到新的稳定状态。这就是主从触发器对输入信号和时钟脉冲的要求。

主从 RS 触发器解决了钟控 RS 触发器的空翻问题，但由于主从 RS 触发器是由两个钟控 RS 触发器组合而成的，在 $CP=1$ 期间，R、S 的变化必然会直接影响主触发器的状态。所以，当 CP 下降沿到来时，主触发器的状态必须根据在 $CP=1$ 期间的 R、S 变化的情况而定。同样，若在 $CP=1$ 期间 R、S 的取值违反了约束条件 $RS=0$ 的规定，则主触发器的两个输出不仅会出现都为高电平的情况，而且若同时 R、S 由 1 变为 0，或者在 $R=S=1$ 时 CP 从高变为低，都会出现不确定现象，并最终使从触发器的输出状态也无法确定。故电路的结构还需进一步改进。

5.3.2　主从 JK 触发器

主从 JK 触发器是由两个时钟控制的触发器串接而成的，如图 5-18 所示。图 5-18 中 $G_1 \sim G_4$ 组成主触发器，输出为 Q' 和 $\overline{Q'}$；$G_5 \sim G_8$ 组成从触发器，输出为 Q 和 $\overline{Q}$，时钟 CP 直接控制主触发器，而用 $\overline{CP}$ 控制从触发器。另外还把从触发器的 Q 和 $\overline{Q}$ 分别反馈到主触发器的时钟控制门 G_2 和 G_1 的输入端。

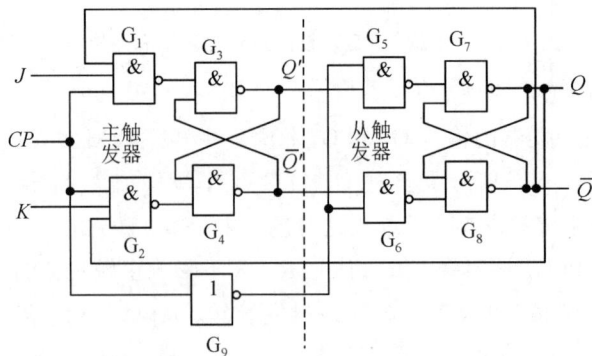

图 5-18　主从 JK 触发器的逻辑电路图

主从JK触发器的工作原理为：当 $CP=1$ 时，G_5、G_6 被封锁，从触发器的 Q 和 $\overline{Q}$ 保持状态不变。同时，G_1、G_2 被开启，主触发器可以按照 JK 触发器特性发生 1 次状态变化。在时钟脉冲 CP 从高电平下降到低电平的瞬间（CP 由 1 到 0），G_1、G_2 被封锁，主触发器的输出保持不变，同时 G_5、G_6 被开启，从触发器接收主触发器的状态。此后，主触发器的状态不会变化，从触发器的状态也不会变化。从上述的分析可知，主从 JK 触发器输出端的状态变化，只发生在时钟脉冲 CP 从高电平下降到低电平的瞬间，相当于 CP 的下降沿到来时触发，其特性方程可写为

$$Q^{n+1}=(J\overline{Q^n}+\overline{K}Q^n)CP$$

采用主从结构的目的是防止触发器的空翻现象，主从 JK 触发器防止空翻的时序图如图 5-19 所示。由图 5-19 可见，当 $CP=1$ 时，不管 J、K 输入信号怎样变化，主触发器的状态最多只能发生 1 次变化，因而防止了空翻。只能发生 1 次变化的原因是当 $CP=1$ 时，从触发器的状态保持不变，而它的输出 Q 和 $\overline{Q}$ 直接控制主触发器的钟控门，防止主触发器的状态多次变化。

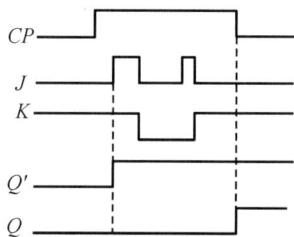

图 5-19 主从 JK 触发器的时序图

虽然主从 JK 触发器可以防止空翻现象产生，但是由于在 $CP=1$ 期间，主触发器只能发生一次变化，也就有一次变化的问题。所谓一次变化问题，是指主从 JK 触发器在 $CP=1$ 期间，由于 J、K 的变化而使触发器的状态变化不符合其特性的现象。

5.3.3 边沿 JK 触发器

为了解决主从 JK 触发器的"一次变化"问题，增强电路的可靠性，推出了边沿 JK 触发器。边沿 JK 触发器的逻辑电路图如图 5-20 所示。边沿 JK 触发器仅在 CP 的某个规定跳变（上升沿或下降沿）到来时刻才接收输入信号，并根据该时刻的输入确定触发器的状态。由于边沿 JK 触发器在 $CP=0$ 和 $CP=1$ 期间，以及非规定跳变时刻不接收输入信号，因此，这些时刻输入信号的变化不会引起触发器输出状态的改变，从而避免了"空翻"和"一次变化"问题。

图 5-20 中采用与或非门交叉连接构成基本 RS 触发器，门 G_3、G_4 起触发引导作用，电路的工作原理分析如下：

（1）当 $J=0$、$K=0$ 时，门 G_3 和门 G_4 截止，无论时钟 CP 是 1 还是 0，均不能改变门 G_1、G_2 的状态，此时触发器保持原有的状态。

（2）当 $J=1$、$K=1$ 时，门 G_3 和门 G_4 开启，而且 Q 和 $\overline{Q}$ 的状态被反馈到门 G_3 和门

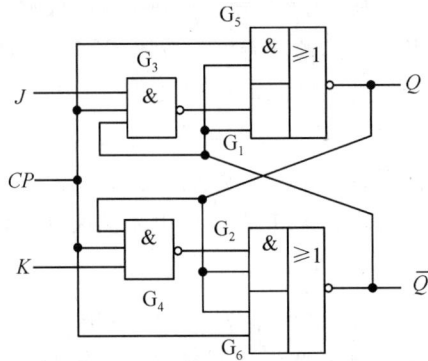

图 5-20 边沿 JK 触发器的逻辑电路图

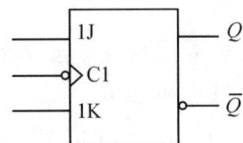

G_4。若 $Q=0$，则当 $CP=1$ 时，门 G_3 导通、G_4 截止；然后当 CP 由 1 下降为 0 的瞬间，由于已导通的 G_3 还来不及截止，因此门 G_1 和门 G_5 组成的与或非门将被截止；由门 G_2 和门 G_6 组成的与或非门将由于 G_2 的导通而导通，使 Q 由 0 变为 1，$\overline{Q}$ 由 1 变为 0，触发器翻转。在门 G_3 完成了翻转动作后也随之截止。此时触发器执行翻转功能。

（3）当 $J=0$、$K=1$ 时，若 $Q=0$，则当 $CP=1$ 时门 G_2、门 G_6 和门 G_4 截止，门 G_3 也因 $J=0$ 截止，唯有门 G_5 和 G_1 导通，当 CP 由 1 下降为 0 的瞬间，G_5 虽然被 CP 所截止，但 G_1 仍保持导通状态，因而 Q 和 $\overline{Q}$ 状态不变，即 $Q=0$，$\overline{Q}=1$。

（4）当 $J=0$、$K=1$ 不变时，若 $Q=1$，则当 $CP=1$ 时门 G_5、门 G_1 和门 G_3 截止，门 G_6 导通，门 G_4 也因 $J=1$ 和 $Q=1$ 导通，G_2 因 G_4 导通而截止。当 CP 由 1 下降为 0 的瞬间，在 CP 还未来得及由 0 变为 1 时，由于 $CP=0$ 而使 G_6 截止，从而导致 G_1 由截止变为导通，即 Q 被翻转为 0。

综上所述，当 $J=0$、$K=1$ 时，触发器执行置 0 功能。当 $J=1$、$K=0$ 时，触发器执行置 1 功能。此时，触发器输出状态的确立与上述过程类似。

这种利用传输延迟的差异而引导触发的边沿 JK 触发器，从工作原理来说，是稳定和可靠的，它的状态变化，仅仅取决于 CP 下降沿到达时刻的输入信号的状态，因此，增强了抗干扰能力。边沿 JK 触发器的时序图如图 5-21 所示，逻辑符号如图 5-22 所示。由时序图可知，触发器的状态变化都是在 CP 的下降沿到来时刻，由 J、K 输入信号决定。

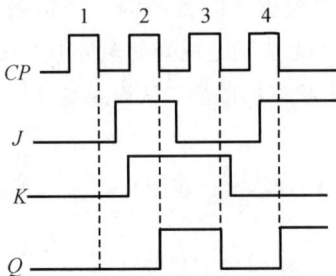

图 5-21 边沿 JK 触发器的时序图　　图 5-22 边沿 JK 触发器的逻辑符号

5.4　触发器之间的转换

　　前面介绍的各种类型的触发器的主要用途不尽相同，也并没有全部形成集成电路产品，实际生产的集成触发器只有 JK 型和 D 型两种，但是可以通过触发器的转换方法，将其他现有的触发器转换为需要的触发器，这里分别以 JK 触发器和 D 触发器为例，介绍一些常用触发器之间的转换方法。

5.4.1　用 JK 触发器实现其他类型触发器

1. 用 JK 触发器实现 D 触发器

　　用 JK 触发器实现 D 触发器转换的示意图如图 5-23 所示。已知 JK 触发器的特性方程为

$$Q^{n+1} = J\overline{Q^n} + \overline{K}Q^n$$

而 D 触发器的特性方程为

$$Q^{n+1} = D = D\,(\overline{Q^n} + Q^n) = D\overline{Q^n} + DQ^n$$

由

$$J\overline{Q^n} + \overline{K}Q^n = D\overline{Q^n} + DQ^n$$

可得 $J = D, \overline{K} = D$。根据表达式可以画出如图 5-24 所示的电路图。

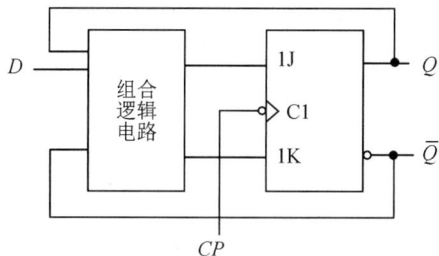

图 5-23　JK 触发器到 D 触发器转换的示意图　　图 5-24　JK 触发器实现 D 触发器的电路图

2. 用 JK 触发器实现 T 触发器

　　把 JK 触发器的两个输入端合并作为 T 触发器的输入端，就形成了 T 触发器，如图 5-25 所示。

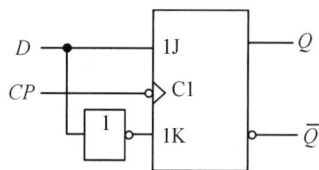

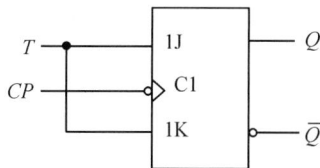

图 5-25　JK 触发器实现 T 触发器的电路图

3. 用 JK 触发器实现 T′ 触发器

　　把 JK 触发器的两个输入端接高电平，就形成了 T′ 触发器，如图 5-26 所示。

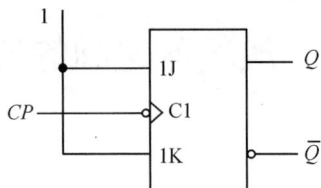

图 5-26　JK 触发器实现 T' 触发器的电路图

5.4.2　用 D 触发器实现其他类型触发器

1. 用 D 触发器实现 JK 触发器

已知现有的 D 触发器特性方程和 JK 触发器特性方程分别为

$$Q^{n+1} = D$$
$$Q^{n+1} = J\overline{Q^n} + \overline{K}Q^n$$

由这两个特性方程可得

$$D = J\overline{Q^n} + \overline{K}Q^n$$

根据此表达式可以画出用 D 触发器实现 JK 触发器的电路图，如图 5-27 所示。

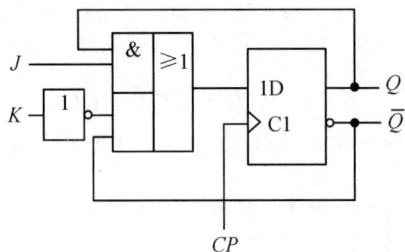

图 5-27　D 触发器实现 JK 触发器的电路图

2. 用 D 触发器实现 T 触发器

D 触发器转换为 T 触发器时，需要首先将 D 触发器转换为 JK 触发器，然后把 JK 触发器的输入端合并为 T 输入端。

3. 用 D 触发器实现 T' 触发器

已知 D 触发器的特性方程为

$$Q^{n+1} = D$$

而 JK 触发器转换为 T' 触发器时 $J = K = 1$，将 J、K 值代入 JK 触发器特性方程可得

$$Q^{n+1} = \overline{Q^n}$$

从而得到

$$D = \overline{Q^n}$$

由此表达式可以画出用 D 触发器实现 T' 触发器的电路图，如图 5-28 所示。

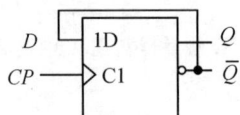

图 5-28　D 触发器实现 T' 触发器的电路图

本 章 小 结

（1）本章主要介绍了基本 RS 触发器，钟控 RS、D、JK、T 和 T′ 触发器，主从 RS、JK 触发器，边沿 JK 触发器，主要介绍了它们的电路结构、工作原理和功能表示方法，功能表示方法有特性表、特性方程、状态图和时序图。

（2）触发器和门电路不同，门电路没有记忆功能，此刻的输入决定此刻的输出，触发器具有记忆功能，能存储 1 位二进制数，触发器的输出不仅仅取决于输入还与它原来的状态有关，它的电路结构多了反馈线，若不给触发信号，则触发器保持原态不变，只有输入激励信号，才可能使触发器置 0 或者置 1。

（3）触发器按电路结构分类有基本 RS 触发器、钟控触发器、主从触发器和边沿触发器。它们的触发翻转方式不同，基本 RS 触发器属于电平触发，钟控触发器和主从触发器属于脉冲触发，主从触发器和边沿触发器是脉冲边沿触发，可以是正跳沿触发，也可以是负跳沿触发，本章介绍的是负跳沿触发方式。

（4）触发器按功能分类有 RS 触发器、JK 触发器、D 触发器和 T 触发器。RS 触发器存在约束条件，D 触发器和 T 触发器的功能比较简单，JK 触发器的逻辑功能最全面，它也可以转换成其他类型的触发器，是使用最多的一种触发器。

（5）电路结构和触发方式与功能没有必然的联系，如 JK 触发器既有主从式的，也有边沿式的。实现触发器功能转换的方法有代数转换法和图表转换法。

（6）主从结构和边沿结构的触发器都是集成触发器的结构。主从结构的触发器可以防止空翻，但存在一次变化问题。防止一次变化问题出现的方法是，当时钟脉冲 $CP=1$ 时，保证 J、K 输入信号不变化，或者采用窄的时钟脉冲作为触发信号。边沿结构又分为维持-阻塞和边沿两种类型。边沿结构的触发器，是用时钟脉冲的上升沿或者下降沿触发的，因而具有抗干扰能力强和可靠性高的优点。

习 题 5

一、选择题

1. 关于触发器和组合逻辑电路，以下说法正确的是（   ）。

A. 两者都有记忆能力   B. 两者都无记忆能力

C. 只有组合逻辑电路有记忆能力   D. 只有触发器有记忆能力

2. 对于 JK 触发器，输入 $J=0$、$K=1$，CP 脉冲作用后，触发器的 Q 应为（   ）。

A. 0   B. 1

C. 可能是 0，也可能是 1   D. 与 Q^n 有关

3. JK 触发器在 CP 脉冲作用下，若使 "$Q^{n+1}=\overline{Q^n}$"，则输入信号应为（   ）。

A. $J=K=1$ B. $J=Q$, $K=\overline{Q}$

C. $J=\overline{Q}$, $K=Q$ D. $J=K=0$

4. 具有"置0""置1""保持""翻转"功能的触发器是( )。

A. 基本 RS 触发器   B. JK 触发器

C. 钟控 D 触发器   D. 同步 RS 触发器

5. 边沿控制触发的触发器的触发方式为( )。

A. 上升沿触发   B. 可以是上升沿触发,也可以是下降沿触发

C. 下降沿触发   D. 可以是高电平触发,也可以是低电平触发

6. 仅具有"保持""翻转"功能的触发器是( )。

A. JK 触发器   B. RS 触发器

C. D 触发器   D. T 触发器

7. 能够存储"0""1"二进制信息的器件是( )。

A. TTL 门   B. CMOS 门

C. 触发器   D. 译码器

8. 用与非门构成的基本 RS 触发器,当输入信号 $\overline{S}=0$、$\overline{R}=1$ 时,其逻辑功能为( )。

A. 置 1   B. 置 0   C. 保持   D. 不定

9. 触发器是一种( )。

A. 单稳态电路   B. 双稳态电路

C. 三稳态电路   D. 无稳态电路

10. 下列触发器中,输入信号直接控制输出状态的是( )。

A. 基本 RS 触发器   B. 钟控 RS 触发器

C. 主从 JK 触发器   D. 维持-阻塞 D 触发器

二、填空题

1. 触发器具有_____个稳定状态,在输入信号消失后,它能保持_____。

2. 按结构形式的不同,RS 触发器可分为两大类:一类是没有时钟控制的_____触发器,另一类是具有时钟控制端的_____触发器。

3. 按逻辑功能划分,触发器可以分为_____触发器、_____触发器、D 触发器和_____触发器四种类型。

4. 在基本 RS 触发器中,输入端 R 能使触发器处于_____状态,输入端 S 能使触发器处于_____状态。

5. 同步 RS 触发器状态的改变是与_____信号同步的。

6. 对于 JK 触发器,在 CP 脉冲有效期间,当 $J=K=0$ 时,触发器状态_____;当 $J=\overline{K}$ 时,触发器_____或_____;当 $J=K=1$ 时,触发器状态_____。

7. 在 CP 脉冲和输入信号作用下,JK 触发器能够具有_____、_____、保持及翻转的逻辑功能。

8. 与主从触发器相比,_____触发器的抗干扰能力较强。

9. 对于 JK 触发器,若 $J=K$,则可完成_____触发器的逻辑功能。

10. 对于 JK 触发器,若 $J=\overline{K}$,则可完成_____触发器的逻辑功能。

三、简答题

1. 基本 RS 触发器输入信号的约束条件是什么？它们之间为什么有这样的约束？

2. 主从 JK 触发器一次变化问题的实际含义是什么？有何危害？如何避免？

3. 边沿 JK 触发器有什么优点？

4. 画出用 JK 触发器实现 T 触发器的逻辑电路图。

5. 描述触发器逻辑功能的方法有哪几种？各有什么特点？

四、综合题

1. 画出如图 5-29 所示的 RS 锁存器输出端 Q、$\overline{Q}$ 的波形图，输入端 $\overline{S}$ 与 $\overline{R}$ 的波形图如图 5-29 所示。（设 Q 初始状态为 0）

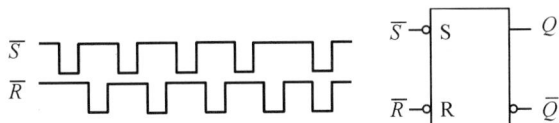

图 5-29 RS 锁存器

2. 画出如图 5-30 所示的电平触发 RS 触发器输出端 Q、$\overline{Q}$ 的波形图，输入端 S、R 与 CP 的波形图如图 5-30 所示。（设 Q 初始状态为 0）

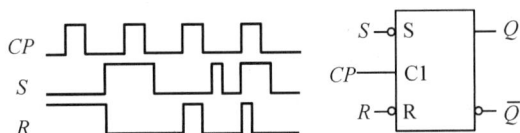

图 5-30 电平触发 RS 触发器

3. 画出如图 5-31 所示的电平触发 D 触发器输出端 Q 的波形图，输入端 D 与 CP 的波形图如图 5-31 所示。（设 Q 初始状态为 0）

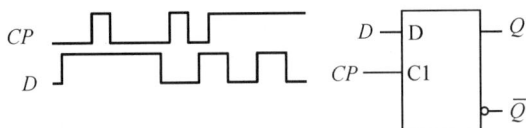

图 5-31 电平触发 D 触发器

4. 画出如图 5-32 所示的 JK 触发器输出端 Q 的波形图，输入端 J、K 与 CP 的波形图如图 5-32 所示。（设 Q 初始状态为 0）

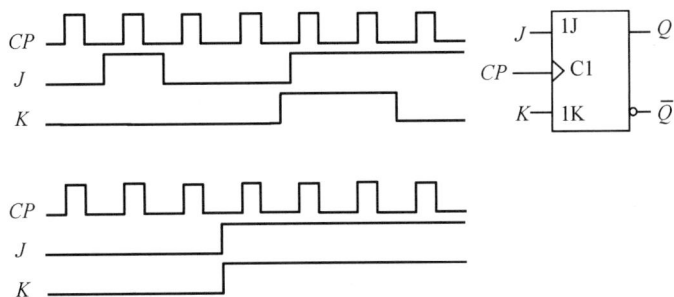

图 5-32 JK 触发器

第6章 时序逻辑电路

▶▶▶ ■ ■ ■ 本章导读

在数字系统中，一般将逻辑电路分为组合逻辑电路和时序逻辑电路两大类。从逻辑功能上讲，前面讲述的组合逻辑电路是在任一时刻的输出信号仅仅取决于该时刻的输入信号，输出与输入有一定规律的函数关系，用一组方程式就可以描述组合逻辑电路的特性；而时序逻辑电路在任一时刻的输出信号不仅与当时的输入信号有关，而且还与电路原来的状态有关。从结构上讲，组合逻辑电路由若干门电路组成，没有存储电路，因而无记忆功能；而时序逻辑电路除包含组合电路外，还一定含有由触发器构成的存储元件，因而有记忆功能。触发器是第5章讲的知识，所以本章将在第5章的基础上，进一步深入理解和使用触发器。

时序逻辑电路是含有触发器等存储器件的又一类数字逻辑电路。按照电路的工作方式，时序逻辑电路可分为同步时序逻辑电路和异步时序逻辑电路。本章首先从时序逻辑电路的基本概念开始，其次讨论时序逻辑电路的分析方法和设计方法，最后介绍在计算机和其他数字系统中广泛应用的两种时序逻辑功能器件——计数器和寄存器。

学习目标

（1）了解时序逻辑电路的分类、结构和特点；

（2）掌握时序逻辑电路功能的描述方法；

（3）掌握时序逻辑电路的分析方法和设计方法；

（4）掌握小规模集成电路计数器（如二进制计数器和十进制计数器）；

（5）掌握移位寄存器的工作原理。

思政教学目标

培养学生对科学学无止境、追求真理的精神，培养高阶思维和计算思维，将个人的价值观与社会责任联系在一起。

6.1　时序逻辑电路的基本概念

在学习本章内容之前首先需要认识和学习什么是时序逻辑电路，它的基本结构是什么，它有什么特点，以及它的类型有哪些。

6.1.1　时序逻辑电路的结构和特点

时序逻辑电路的结构如图 6-1 所示，由组合逻辑电路和存储电路两部分组成。很明显，时序逻辑电路具有反馈电路，存储电路的输出反馈到组合逻辑电路的输入，存储电路由触发器构成，是时序逻辑电路不可缺少的部分。其中，$X(X_1, \cdots, X_i)$ 代表输入信号；$Y(Y_1, \cdots, Y_j)$ 代表输出信号；$Z(Z_1, \cdots, Z_k)$ 代表存储电路的输入信号；$Q(Q_1, \cdots, Q_l)$ 代表存储电路的输出信号。这些信号之间的逻辑关系可以表示为

$$Y = F_1(X, Q^n) \tag{6-1}$$

$$Z = F_2(X, Q^n) \tag{6-2}$$

$$Q^{n+1} = F_3(Z, Q^n) \tag{6-3}$$

式(6-1)称为时序逻辑电路的输出方程，是时序逻辑电路输出变量的表达式；式(6-2)称为驱动方程或激励方程，是存储电路输入变量的表达式。由于本章所用存储电路均由触发器构成，即 $Q_1, \cdots, Q_l$ 表示的是各个触发器的输出状态，所以式(6-3)称为存储电路的状态方程，也称为整个时序逻辑电路的状态方程。其中，Q^{n+1} 称为次态，Q^n 称为原态。

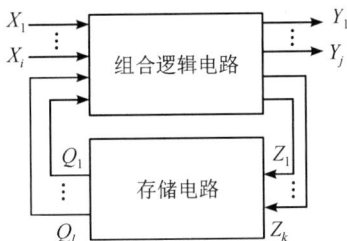

图 6-1　时序逻辑电路的结构

从时序逻辑电路的结构中可以看出，这种电路结构决定了时序逻辑电路的特点如下：

（1）时序逻辑电路由组合逻辑电路和存储电路构成，有些情况下，可以没有组合逻辑电路，但存储电路必不可少。

（2）时序逻辑电路存在反馈连接，因而电路的工作状态与时间因素有关，即时序逻辑电路的输出由电路的输入和原来的状态共同决定。

【例 6-1】　写出如图 6-2 所示时序逻辑电路的输出方程、驱动方程和状态方程。

解：根据电路结构可以得到

$$Y = XQ^nCP$$

$$T = \overline{X}$$

$$Q^{n+1} = \overline{X}\,\overline{Q^n} + XQ^n$$

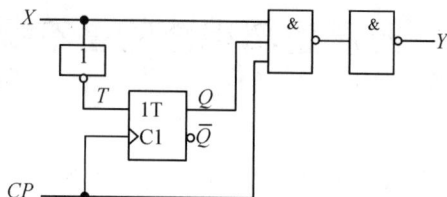

图 6-2 例 6-1 的时序逻辑电路

6.1.2　时序逻辑电路的分类

目前，时序逻辑电路通常按照触发器状态转换方式，或按照电路输出信号特性进行分类。

1. 按存储电路中触发器状态转换方式分类

根据触发器状态变化是否同步，时序逻辑电路可分为同步时序逻辑电路和异步时序逻辑电路。

若时钟脉冲是同时加到每一个触发器的 CP 端，即电路中各触发器的状态转换都是在这个时钟脉冲的作用下发生的，则称为同步时序逻辑电路。通常只是将时钟脉冲看作是同步时序逻辑电路的时间基准，而不是把时钟脉冲看作同步时序逻辑电路的输入变量。对每个时钟脉冲来说，该脉冲作用前时序逻辑电路的状态是原态，脉冲作用后的状态是次态。只要时钟脉冲没有到来，同步时序逻辑电路的状态就不会改变。

若时钟脉冲不是同时加到每一个触发器的 CP 端，即电路中各触发器的状态转换不是在统一的时钟脉冲作用下发生的，则称为异步时序逻辑电路。异步时序逻辑电路通常又分为电平型和脉冲型。其中，电平型异步时序逻辑电路的状态转换是由输入信号的电平变化直接引起的；脉冲型异步时序逻辑电路虽有时钟，但各触发器所用时钟并不统一，从而使各触发器的状态转换也不是同时发生的。

2. 按电路输出信号特性分类

按照输出信号的特性，时序逻辑电路可分为 Mealy 型和 Moore 型。

在 Mealy 型时序逻辑电路中，输出不仅是当前输入变量的函数，同时也是当前状态变量的函数；在 Moore 型时序逻辑电路中，输出仅仅是当前状态变量的函数，或者根本就不存在专门的输出，而以电路中触发器的状态直接作为输出。

从电路结构上看，Mealy 型电路和 Moore 型电路本质上并无区别，只是 Mealy 型电路的组合逻辑部分比较复杂一些而已。因此，它们的分析方法和设计方法是一样的。

6.1.3　时序逻辑电路功能的描述方法

描述时序逻辑电路的功能，一般采用存储电路的状态方程、输出方程、状态表、状态图和时序图等方法。

1. 逻辑方程式

从理论上讲，根据时序逻辑电路的结构图，写出的输出方程、驱动方程和状态方程就可以描述时序逻辑电路的功能。值得提出的是，对许多时序逻辑电路而言，从 $Y=F_1(X, Q^n)$、$Z=F_2(X, Q^n)$ 和 $Q^{n+1}=F_3(Z, Q^n)$ 这三个逻辑方程式还不能直观地看出时序逻辑电路的功能到底是什么。此外，在设计时序逻辑电路时，往往很难根据给出的逻辑要求而直接写出电路的驱动方程、状态方程和输出方程。因此，下面再介绍几种能够反映时序逻辑电路状态变化全过程的描述方法。

2. 状态图

反映时序逻辑电路状态转换规律及相应输入、输出取值关系的图形称为状态图，如图 6-3 所示。在状态图中，圆圈及圆圈内的字母或数字表示电路的各个状态，连线及箭头表示状态转换的方向，当箭头的起点和终点都在同一个圆圈上时，表示状态不变。标在连线一侧的数字表示状态转换前输入信号的取值和输出值。通常将输入信号的取值写在斜线左边，输出值写在斜线右边。它表明，在该输入取值的作用下，将产生相应的输出值，同时，电路将发生如箭头所指的状态转换。

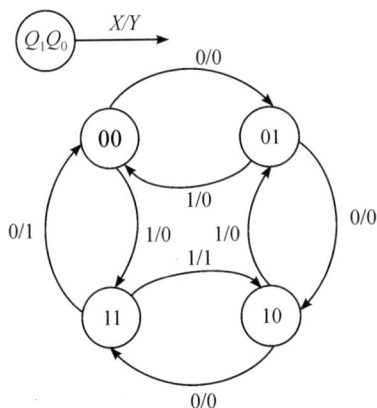

图 6-3　时序逻辑电路的状态图

3. 状态表

反映时序逻辑电路的输出 Y、次态 Q^{n+1} 与电路的输入 X、原态 Q^n 间对应取值关系的表格称为状态表。如图 6-3 所示状态图所描述的时序逻辑电路的特性可用状态表表示，如表 6-1 所示。状态表由三个部分组成，第一部分是原态和输入的组合，第二部分是每一个状态与输入的组合所得到的次态，第三部分是原态的输出。

表 6-1　图 6-3 状态图的状态表

输　入	原　　　态		次　　　态		输　出
X	Q_1^n	Q_0^n	Q_1^{n+1}	Q_0^{n+1}	Y
0	0	0	0	1	0
0	0	1	1	0	0
0	1	0	1	0	0
0	1	1	0	0	1

输 入	原 态		次 态		输 出
X	Q_1^n	Q_0^n	Q_1^{n+1}	Q_0^{n+1}	Y
1	0	0	1	1	0
1	1	1	1	0	1
1	1	0	0	1	0
1	0	1	0	0	0

4. 时序图

时序图即时序逻辑电路的工作波形图。它能直观地描述时序逻辑电路的输入信号、时钟信号、输出信号及电路的状态转换等在时间上的对应关系。

上面介绍的描述时序逻辑电路功能的四种方法可以互相转换。状态图、状态表和时序图可直接互相转换，电路的逻辑方程则要根据状态表中次态、输出变量与原态和输入变量的逻辑关系，利用卡诺图求出。在后面内容的介绍中，将具体讲述以上四种描述方法的应用。

6.2　时序逻辑电路的分析方法

时序逻辑电路的分析，就是要找出给定时序逻辑电路的逻辑功能，即找出在输入变量和时钟信号作用下的电路状态和输出状态的变化规律。

6.2.1　时序逻辑电路分析的一般步骤

时序逻辑电路分析的一般步骤如下。

（1）列出逻辑方程式。

根据给定的时序逻辑电路写出下列各逻辑方程式：

① 各触发器的时钟信号 CP 的逻辑表达式；

② 时序逻辑电路的输出方程；

③ 各触发器的驱动方程。

（2）求出次态方程。

将驱动方程代入相应触发器的特性方程，求得各触发器的次态方程，也就是时序逻辑电路的状态方程。

（3）列出状态表并画出状态图或时序图。

根据状态方程和输出方程，列出该时序逻辑电路的状态表，画出状态图或时序图。

（4）描述时序逻辑电路的逻辑功能。

需要说明的是，上述步骤不是必须执行的固定步骤，实际应用的时候可以根据具体的情况加以取舍。

6.2.2 同步时序逻辑电路的分析举例

【例 6-2】 试分析如图 6-4 所示的时序逻辑电路。

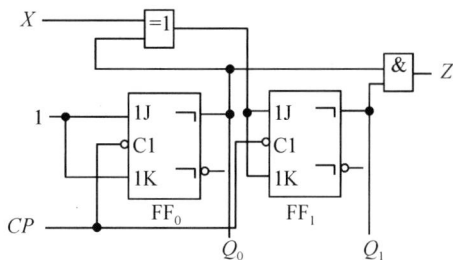

图 6-4 例 6-2 的时序逻辑电路

解：(1)根据时序逻辑电路写出各个逻辑方程式。在分析同步时序逻辑电路时，由于各触发器的时钟脉冲信号相同，即 CP 信号相同，因此各个触发器的 CP 逻辑表达式可以不写。

输出方程的表达式为

$$Z = Q_1^n Q_0^n$$

驱动方程的表达式为

$$J_0 = 1, K_0 = 1$$
$$J_1 = X \oplus Q_0^n, K_1 = X \oplus Q_0^n$$

(2)求出各个触发器的次态方程。

将驱动方程代入相应触发器的特性方程得到次态方程，即状态方程为

$$Q_0^{n+1} = J_0 \overline{Q_0^n} + \overline{K}_0 Q_0^n = \overline{Q_0^n}$$

$$Q_1^{n+1} = J_1 \overline{Q_1^n} + \overline{K}_1 Q_1^n = X \oplus Q_0^n \oplus Q_1^n$$

(3)列状态表，画状态图和时序图。

状态表是分析时序逻辑电路的关键一步，其具体做法是：先列出输入和原态(本例中为 X、Q_0^n、Q_1^n)的所有组态，然后根据输出方程及状态方程，逐行填入当前输出 Z 的相应值，以及次态 Q^{n+1} 的相应值。照此做法，可列出例 6-2 的状态表，如表 6-2 所示。

表 6-2 例 6-2 的状态表

输 入	原 态		次 态		输出
X	Q_1^n	Q_0^n	Q_1^{n+1}	Q_0^{n+1}	Z
0	0	0	0	1	0
0	0	1	1	0	0
0	1	0	1	1	0
0	1	1	0	0	1
1	0	0	1	1	0
1	0	1	0	0	0
1	1	0	0	1	0
1	1	1	1	0	1

根据状态表画出对应的状态图，如图 6-5 所示，时序逻辑电路状态的变化规律如下：当输入信号 $X=0$ 时，若原态 $Q_1^n Q_0^n=00$，则当前输出 $Z=0$，在一个 CP 脉冲作用后，电路转向次态 $Q_1^{n+1} Q_0^{n+1}=01$；若原态 $Q_1^n Q_0^n=01$，则当前输出 $Z=0$，在一个 CP 脉冲作用后，次态 $Q_1^{n+1} Q_0^{n+1}=10$；若原态 $Q_1^n Q_0^n=10$，则当前输出 $Z=0$，在一个 CP 脉冲作用后，次态 $Q_1^{n+1} Q_0^{n+1}=11$；若原态 $Q_1^n Q_0^n=11$，则当前输出 $Z=1$，在一个 CP 脉冲作用后，次态 $Q_1^{n+1} Q_0^{n+1}=00$。当输入信号 $X=1$ 时，电路状态转换的方向则与上述方向相反。

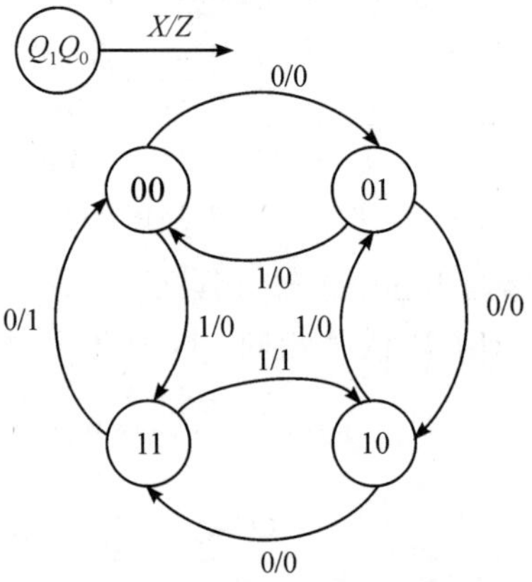

图 6-5　例 6-2 的状态图

设电路的初始状态为 $Q_1^n Q_0^n=00$，根据状态表和状态图，可画出在一系列脉冲 CP 和输入信号 X 作用下的时序图，如图 6-6 所示。

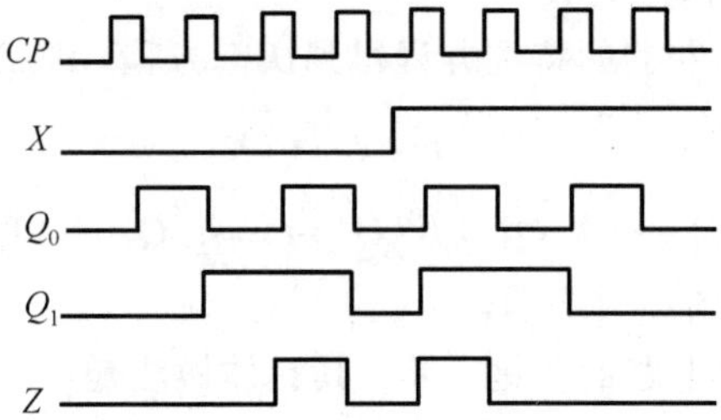

图 6-6　例 6-2 的时序图

（4）逻辑功能分析。由状态图可以看出，此电路是一个可控计数器。当 $X=0$ 时，电路进行加法计数，在时钟脉冲作用下，$Q_1^n Q_0^n$ 的数值从 00 到 11 递增，每经过 4 个时钟脉冲作用后，电路的状态循环一次。同时，在输出端 Z 输出一个进位脉冲，因此，Z 是进位信号。当 $X=1$ 时，电路进行减 1 计数，Z 是借位信号。有关计数器的内容在 6.4 节将会详细介绍。

【**例 6-3**】 试分析如图 6-7 所示的时序逻辑电路。

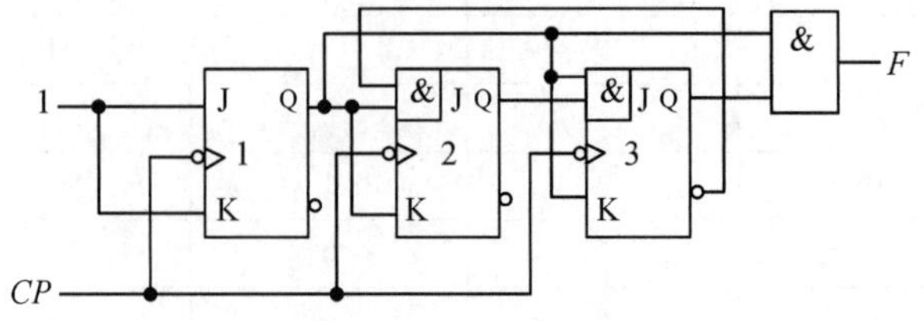

图 6-7　例 6-3 的时序逻辑电路

解：(1) 根据时序逻辑电路写出各个逻辑方程式。

输出方程的表达式为

$$F = Q_3^n Q_1^n$$

驱动方程的表达式为

$$J_1 = 1,\ K_1 = 1$$

$$J_2 = Q_1^n \overline{Q_3^n},\ K_2 = Q_1^n$$

$$J_3 = Q_1^n Q_2^n,\ K_3 = Q_1^n$$

(2) 将驱动方程代入相应触发器的特性方程 $Q^{n+1} = J\overline{Q^n} + \overline{K}Q^n$ 中，求出各个触发器的次态方程，即

$$Q_1^{n+1} = \overline{Q_1^n}$$

$$Q_2^{n+1} = \overline{Q_3^n}\ \overline{Q_2^n}Q_1^n + Q_2^n\overline{Q_1^n}$$

$$Q_3^{n+1} = \overline{Q_3^n}Q_2^n\ Q_1^n + Q_3^n\overline{Q_1^n}$$

(3) 列状态表，画状态图和时序图。由于该电路没有输入变量，因此状态表中没有此项，该电路的状态表如表 6-3 所示。根据状态表可以画出该电路的状态图，如图 6-8 所示。

表 6-3　例 6-3 的状态表

原　态			次　态			输　出
Q_3^n	Q_2^n	Q_1^n	Q_3^{n+1}	Q_2^{n+1}	Q_1^{n+1}	F
0	0	0	0	0	1	0
0	0	1	0	1	0	0
0	1	0	0	1	1	0
0	1	1	1	0	0	0
1	0	0	1	0	1	0
1	0	1	0	0	0	1
1	1	0	1	1	1	0
1	1	1	0	0	0	1

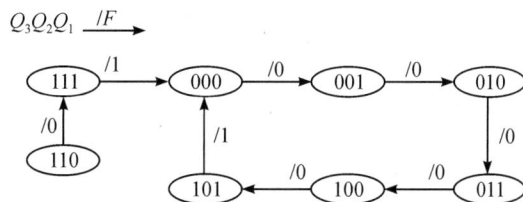

图 6-8　例 6-3 的状态图

由状态图可见，000、001、010、011、100、101 这 6 个状态形成了闭合回路，当电路正常工作时，电路状态总是按照回路的箭头方向循环变化，因此这 6 个状态构成了有效循环，

称它们为有效状态，其余两个状态称为无效状态。

设电路的初始状态为 $Q_3^n Q_2^n Q_1^n = 000$，根据状态表和状态图，可以画出在一系列 CP 脉冲作用下的时序图，如图 6-9 所示。

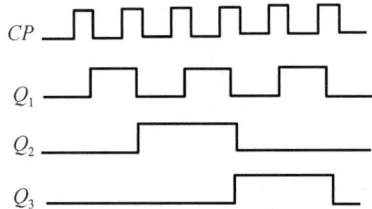

图 6-9　例 6-3 电路的波形图

（4）逻辑功能分析。由状态图可看出，此电路在正常工作时是一个六进制加法计数器，在时钟脉冲作用下，$Q_3^n Q_2^n Q_1^n$ 的数值从 000 到 101 递增，每经过 6 个时钟脉冲作用后，电路的状态循环一次，当 3 个触发器的输出状态为 101 时，电路输出 $F=1$，否则，$F=0$。此外，由状态图还可看出，此电路在正常工作时是无法达到无效状态的，若此电路由于某种原因，如噪声信号或接通电源迫使电路进入无效状态，则在 CP 脉冲作用下，电路能自动回到有效循环，电路的这种能力称为自启动能力。

对时序电路而言，并不是所有的电路都具有自启动能力，实际应用中，通常希望时序电路具有自启动能力。

6.3　同步时序逻辑电路的设计方法

同步时序逻辑电路的设计是同步时序逻辑电路分析的逆过程。通过对设计命题的分析，确定命题要求的状态图或状态表，进而设计出符合时序逻辑电路要求的逻辑电路。本节介绍的设计方法基于采用触发器和逻辑门等小规模集成电路，是同步时序逻辑电路设计的经典方法。与组合逻辑电路的设计要求符合工程性相似，时序逻辑电路设计也要符合最简即工程性的要求，达到用最少的触发器和逻辑门来实现电路功能。与组合逻辑电路设计不同的是，时序逻辑电路的设计更复杂，因为组合逻辑电路的输出只与此刻的输入有关，而时序逻辑电路含有触发器，它的输出不仅仅与此刻的输入有关，还与之前的输入有关，即输入相同的情况下可能会有不同的原态和次态。

6.3.1　同步时序逻辑电路设计的一般步骤

同步时序逻辑电路设计的一般步骤如下。

1. 根据题目绘制出原始状态图（或状态表）

根据命题要求，设计时序逻辑电路的状态图。由于时序逻辑电路在某一时刻的输出信号不仅与当时的输入信号有关，还与电路原来的状态有关，因此设计时序逻辑电路时，首先要分析给定的逻辑功能，求出对应的状态图。这种直接由给定的逻辑功能求得的状态图称为原始状态图，是设计时序逻辑电路最关键的一步。

2. 状态化简(或状态合并)

根据给定要求得到的原始状态图不一定是最简的，可能包含多余的状态，因此需要进行状态化简或状态合并。状态化简的规则是，若有两个状态等价，则可以消去其中一个，用另一个等价状态代之，而不改变输入输出的关系。状态等价是指在原始状态图中，若有两个或两个以上的状态，在输入相同的条件下，不仅有相同的输出，而且向同一个次态转换，则称这些状态是等价的。凡是等价状态都可以合并。如图 6-10 所示的状态 S_2 和 S_3，当输入 $X=0$ 时，输出 Z 都是 0，且都向同一个次态 S_0 转换。当 $X=1$ 时，输出 Z 都是 1，次态都是 S_3，所以 S_2 和 S_3 是等价状态，可以合并为 S_2，取消 S_3，即将图 6-10 中代表 S_3 的圆圈及由该圆圈出发的所有连线去掉，将原先指向 S_3 的连线改而指向 S_2，得到化简后的状态图如图 6-11 所示。显然，状态化简使状态数目变少，从而可以减少电路中所需触发器的个数及门电路的个数。

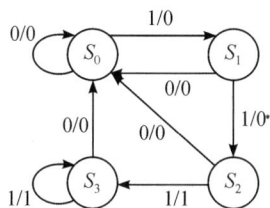

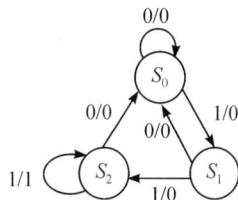

图 6-10　原始状态图　　　　　图 6-11　图 6-10 的简化状态图

3. 确定触发器的个数，进行状态编码(或状态分配)

在得到简化的状态图后，根据状态数目 N，确定触发器的个数 n，满足 $2^{n-1} < N \leqslant 2^n$，对于 n 个触发器而言，总共有 2^n 个状态，要对每一个状态指定一个二进制代码，这就是状态编码(或状态分配)。编码的方案不同，设计的电路结构也就不同。编码方案选择合适，设计结果可以很简单。为此，选取的编码应该有利于所选触发器的驱动方程及电路输出方程的简化。为便于记忆和识别，一般选用自然二进制代码。编码方案确定后，根据简化的状态图，画出编码形式的状态图。

4. 选择触发器类型，确定输出方程和驱动方程

根据编码后的状态图画出状态表及驱动表，选择合适的触发器，确定电路的输出方程和各触发器的驱动方程。

5. 检查电路的自启动能力

对存在无效状态的电路，原则上应检查其自启动能力。即当电路处于无效状态时，能否在有限个时钟脉冲的作用下，进入有效状态，即能否自启动。当电路存在无效循环时，电路就不能自启动。对不能自启动的电路，需要修改其状态转换表或采取适当的解决措施。

6. 画出逻辑电路图

最后一步是根据选型器件和逻辑关系，画出逻辑电路图。

以上是同步时序逻辑电路设计的一般步骤，在实际的工程应用中并不一定全部按照这个流程，可以灵活应用，有所取舍。

6.3.2 同步时序逻辑电路设计举例

【例 6-4】 试设计一序列脉冲检测器,当连续输入信号 110 时,该电路输出为 1,否则输出为 0。

解: 由设计要求可知,要设计的电路有一个输入信号 X 和一个输出信号 Z,电路功能是对输入信号进行检测。

(1) 由给定的逻辑功能确定电路应包含的状态,并画出原始状态图。

因为该电路在连续收到信号 110 时,输出为 1,其他情况下输出为 0,所示要求该电路能记忆收到的输入为 0、收到一个 1、连续收到两个 1、连续收到 110 后的状态,由此可见该电路应有 4 个状态,用 S_0 表示输入为 0 时的电路状态,S_1、S_2、S_3 分别表示收到一个 1、连续收到两个 1 和连续收到 110 时的状态。先假设电路处于状态 S_0,在此状态下,电路可能的输入有 $X=1$ 和 $X=0$ 两种情况。若 $X=0$,则输出 $Z=0$,且电路应保持在状态 S_0 不变;若 $X=1$,则 $Z=0$,电路应转向状态 S_1,表示电路收到了一个 1。现在以 S_1 为原态,若这时输入 $X=0$,则输出 $Z=0$,且电路应回到 S_0,重新开始检测;若 $X=1$,则输出 $Z=0$,且电路应进入状态 S_2,表示已连续收到两个 1。又以 S_2 为原态,若输入 $X=0$,则输出 $Z=1$,电路应进入状态 S_3,表示已连续收到 110;若 $X=1$,则 $Z=0$,且电路应保持在状态 S_2 不变。再以 S_3 为原态,若输入 $X=0$,则输出 $Z=0$,电路应回到状态 S_0,重新开始检测;若 $X=1$,则 $Z=0$,电路应转向状态 S_1,表示又重新收到了一个 1。根据上述分析,可以画出例 6-4 的原始状态图,如图 6-12 所示。

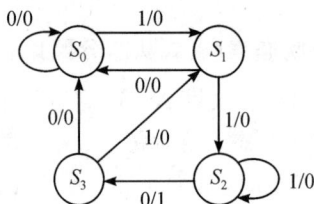

图 6-12 例 6-4 的原始状态图

(2) 状态化简。观察图 6-12 可发现,对于状态 S_0 和 S_3,当输入 $X=0$ 时,输出 Z 都为 0,而且次态均转向 S_0;当输入 $X=1$ 时,输出 Z 都为 0,而且次态均转向 S_1,所以 S_0 和 S_3 是等价状态,可以合并。去掉 S_3 的圆圈及由此圆圈出发的连线,将指向 S_3 的连线指向 S_0,便得到简化后的状态图,如图 6-13 所示。

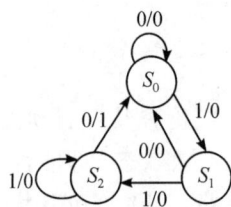

图 6-13 简化状态图

(3) 确定触发器个数,进行状态编码。由图 6-13 可知,该电路有三个状态,根据公式 $2^{n-1} < N \leqslant 2^n$ 计算可知,当 $N=3$ 时,需用两个触发器,即 $n=2$。设两个触发器的输出状态分别是 Q_1 和 Q_0,由于两个触发器共有 4 个状态,可以用两位二进制代码组合(00、01、

10、11)中的任意三个代码表示，这里取 00、01、11 分别表示 S_0、S_1、S_2，即令 $S_0 = 00$、$S_1 = 01$，$S_2 = 11$。图 6 - 14 为例 6 - 4 的编码形式状态图。

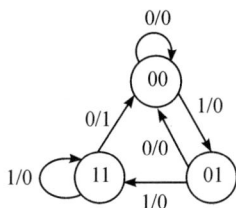

图 6 - 14　例 6 - 4 的编码形式状态图

（4）选择触发器，确定各触发器的驱动方程及电路的输出方程。

究竟选用哪一种触发器才能得到满足状态表的最简单电路，这是触发器选型问题，设计开始时，我们无法肯定哪一种触发器使电路最简单，先暂定 JK 触发器。确定各触发器的驱动方程及电路的输出方程有两种方法。

方法一：利用电路状态表确定驱动方程及输出方程。

由编码形式的状态图可画出编码后的状态表，如表 6 - 4 所示。

表 6 - 4　例 6 - 4 的状态表

输　入	原　　态		次　　态		输　出
X	Q_1^n	Q_0^n	Q_1^{n+1}	Q_0^{n+1}	Z
0	0	0	0	0	0
0	0	1	0	0	0
0	1	0	×	×	×
0	1	1	0	0	1
1	0	0	0	1	0
1	0	1	1	1	0
1	1	0	×	×	×
1	1	1	1	1	0

由状态表可得各触发器的次态方程和输出方程。

$$Q_0^{n+1} = X\overline{Q_0^n} + XQ_0^n$$

$$Q_1^{n+1} = XQ_0^n\overline{Q_1^n} + XQ_1^n$$

$$Z = \overline{X}Q_1^n$$

因为选择的是 JK 触发器，所以将次态方程与 JK 触发器的特性方程 $Q^{n+1} = J\overline{Q^n} + \overline{K}Q^n$ 相比较，得出驱动方程

$$J_0 = X, \ K_0 = \overline{X}, \ J_1 = XQ_0^n, \ K_1 = \overline{X}$$

根据驱动方程和输出方程画出逻辑电路图，如图 6 - 15 所示。

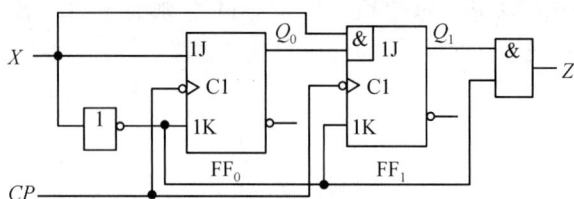

图 6-15 例 6-4 由 JK 触发器组成的逻辑电路图

选用 JK 触发器构成如图 6-15 所示的逻辑电路图是否最简单，必须与其他触发器构成的电路比较后才能确定。目前，触发器的主要产品有 D 触发器、T 触发器和 JK 触发器，可以重复上述第(4)步将 D 触发器、T 触发器的特性方程与各触发器的次态方程进行对比，从而求得各触发器的驱动方程，以便比较。

方法二：将状态表和触发器驱动表列入同一表中，再利用卡诺图，求出驱动方程和输出方程。下面用方法二求出 D 触发器、T 触发器和 JK 触发器的驱动方程，表 6-5 列出了例 6-4 的状态表和各触发器的驱动表。

表 6-5　例 6-4 的状态表和各触发器的驱动表

输入	原 态		次 态		输出	触发器输入变量							
X	Q_1^n	Q_0^n	Q_1^{n+1}	Q_0^{n+1}	Z	J_1	K_1	J_0	K_0	D_1	D_0	T_1	T_0
0	0	0	0	0	×	0	×	0	×	0	0	0	0
0	0	1	0	0	×	0	×	×	1	0	0	0	1
0	1	0	×	×	×	×	×	×	×	×	×	×	×
0	1	1	0	0	1	×	1	×	1	0	0	1	1
1	0	0	0	1	×	0	×	1	×	0	1	0	1
1	0	1	1	1	×	1	×	×	0	1	1	1	0
1	1	0	×	×	×	×	×	×	×	×	×	×	×
1	1	1	1	1	0	×	0	×	0	1	1	0	0

由表 6-5 可直接画出驱动方程的卡诺图(此部分知识之前讲过，不赘述)，化简后可得到如下驱动方程：

$$J_0 = X, K_0 = \overline{X}, J_1 = XQ_0^n, K_1 = \overline{X}, Z = \overline{X}Q_1^n$$

$$D_0 = X, D_1 = XQ_0^n$$

$$T_0 = \overline{X}Q_0^n + X\overline{Q_0^n}, T_1 = XQ_0^n + Q_1^n$$

从驱动方程式可以看出，D 触发器的驱动方程最简单，故选用 D 触发器来设计电路。

从第(4)步的求解过程来看，确定驱动方程和输出方程的两种方法各有优势。方法一不用画出触发器的驱动表，适合于确定一种类型的触发器驱动方程和输出方程的情况；方法二不需求出触发器的次态方程，适合于确定多种类型的触发器驱动方程和输出方程的情况。

(5)画出逻辑电路图，检查电路的自启动能力。

由 D 触发器构成的逻辑电路图如图 6 - 16 所示。

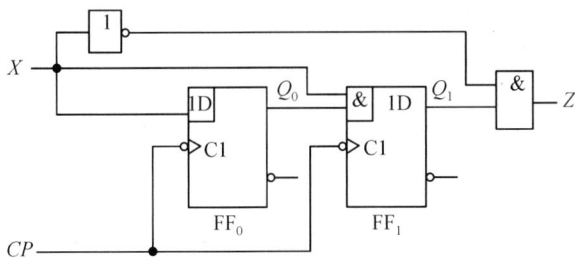

图 6 - 16 例 6 - 4 由 D 触发器组成的逻辑电路图

当电路进入无效状态 10 后，由各触发器次态方程

$$Q_1^{n+1} = D_1 = XQ_0^n$$

$$Q_0^{n+1} = D_0 = X$$

可知，若 $X=0$，则次态为 00；若 $X=1$，则次态为 01，电路能自动进入有效循环。但从输出来看，若电路在无效状态 10，当 $X=0$ 时，$Z=1$ 这是错误的。为了消除这个错误输出，需要对输出方程进行适当修改。

若发现设计的电路没有自启动能力，则应对设计进行修改。其方法是：在触发器次态卡诺图或触发器输入变量卡诺图的包围圈中，对无效状态×的处理进行适当修改，即原来取 1 画入包围圈的，可试改为取 0 而不画入包围圈，得到新的驱动方程和逻辑电路图，再检查其自启动能力，直到能够自启动为止。

6.4 集成计数器

在数字系统中，计数器的用途非常广泛。计数器可以统计输入脉冲的个数，用于实现计时、计数系统，还可以用于分频、定时，以及产生节拍脉冲和序列脉冲。

计数器的主要特点是时钟触发器为主要组成单元，组成的电路是周期性的时序电路，其状态固有一个单闭环，称为有效循环，有效循环中的状态称为有效状态，有效循环一次所需要的时钟脉冲的个数称为计数器的模值 M，由 n 个触发器构成的计数器，其模值 M 一般应满足 $2^{n-1} < M \leqslant 2^n$。

计数器的种类也非常多，根据计数器中触发器时钟端的连接方式，分为同步计数器和异步计数器；根据计数方式，分为二进制计数器、十进制计数器和任意进制计数器；根据计数器中的状态变化规律，分为加法计数器、减法计数器和加/减计数器；根据集成度来分，分为小规模集成计数器和中规模集成计数器。本节以小规模集成电路计数器为例，中规模集成计数器本书不介绍，有兴趣的读者可以自学。

1. 同步二进制计数器

为了提高计数速度，可采用同步计数器，其工作特点是，计数脉冲同时接于各触发器的时钟脉冲输入端，当时钟脉冲到来时，各触发器可同时翻转。

图 6-17 是一个由 JK 触发器构成的 3 位二进制同步加法计数器的逻辑电路图。根据时序逻辑电路的分析方法对该电路进行如下分析。

（1）写出驱动方程，即

$$J_0 = K_0 = 1, J_1 = K_1 = Q_0^n, J_2 = K_2 = Q_0^n Q_1^n$$

（2）将驱动方程代入相应触发器的特性方程中，求出各触发器的次态方程，即

$$Q_0^{n+1} = \overline{Q_0^n}$$

$$Q_1^{n+1} = Q_0^n \overline{Q_1^n} + \overline{Q_0^n} Q_1^n = Q_0^n \oplus Q_1^n$$

$$Q_2^{n+1} = (Q_0^n Q_1^n) \oplus Q_2^n$$

（3）画出状态图和时序图。图 6-18 为该电路的状态图。设电路的初始状态为 $Q_2^n Q_1^n = 00$，根据状态表和状态图，可画出在一系列 CP 脉冲和 X 输入信号作用下的时序图，如图 6-19 所示。

（4）根据上述分析得出结论。如图 6-17 所示逻辑电路图实现的功能是同步模 8 加法计数器或八进制计数器，电路具有自启动能力。

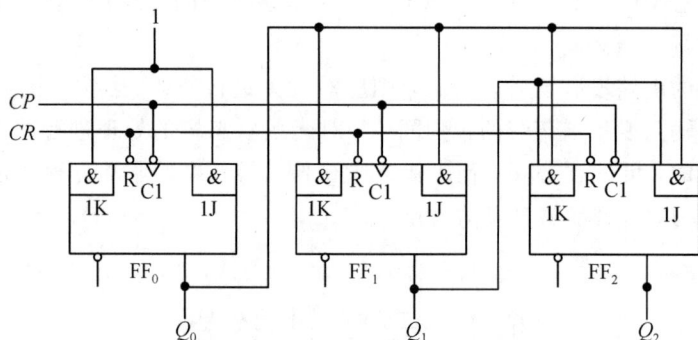

图 6-17　3 位二进制同步加法计数器

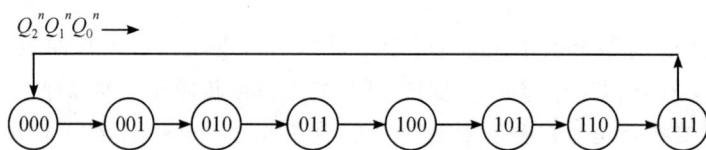

图 6-18　3 位二进制同步加法计数器的状态图

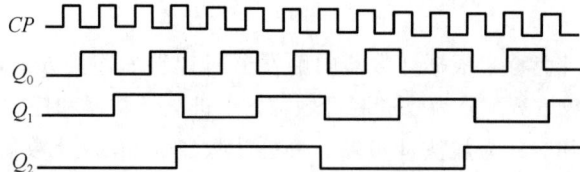

图 6-19　3 位二进制同步加法计数器的时序图

虽然由于同步计数器的脉冲同时加到各触发器的时钟端因而工作速率较快，但是计数脉冲需要同时带动多个触发器的时钟输入，因此要求产生计数脉冲的电路具有较大的负载能力，而且电路的结构也较异步计数器复杂。

2. 同步十进制计数器

触发器的状态按照十进制数的规律进行计数的电路称为十进制计数器。

【**例 6 - 5**】　设计同步十进制加法计数器。

解:(1)建立十进制计数器最简原始状态图。计数器设计示意图如图 6 - 20 所示,CP 是计数脉冲输入端,C 是进位输出端。计数器的特点比较明显,即由若干状态构成一个计数循环,因此十进制计数器的最简原始状态图就是由 10 个状态构成的循环,如图 6 - 21 所示。

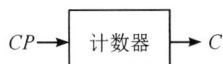

图 6 - 20　计数器设计示意图

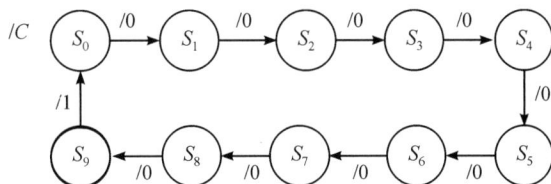

图 6 - 21　例 6 - 5 的原始状态图

(2)确定触发器的级数,进行状态编码。在设计计数器电路时,需要根据原始状态的个数确定触发器的级数,来记忆计数器的状态。设 M 为计数器的模值,N 是触发器的级数,则要求 $N \geqslant \log_2 M$。在本例中 $M=10$,则 $N \geqslant 4$。因此,至少需要 4 级触发器才能表示十进制计数器的 10 个状态。触发器的级数越多,电路越复杂。4 级触发器 $Q_3 Q_2 Q_1 Q_0$ 有 16 种状态组合,选出其中的 10 种组合来表示十进制计数器的 10 个状态,进行状态编码。十进制计数器的状态编码也称为二 - 十进制编码,即 BCD 码。BCD 码有很多种,本例采用 8421BCD,编码结果如图 6 - 22 所示。

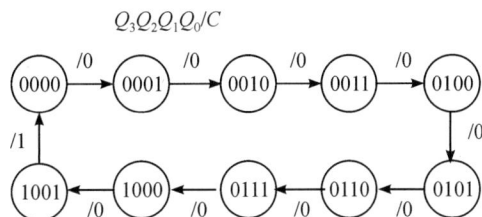

图 6 - 22　例 6 - 5 的编码状态图

(3)画状态转换卡诺图,化简状态方程和输出方程。根据状态编码,把 4 级触发器的原态作为卡诺图的变量,把次态作为卡诺图的函数,画出状态转换卡诺图,如图 6 - 23 所示。图 6 - 23 中包括 Q_3^{n+1}、Q_2^{n+1}、Q_1^{n+1}、Q_0^{n+1} 和输出 C(在斜线右边)五个卡诺图,编码时没有

$Q_3^n Q_2^n$ \\ $Q_1^n Q_0^n$	00	01	11	10
00	0001/0	0010/0	0100/0	0011/0
01	0101/0	0110/0	1000/0	0111/0
11	××××/×	××××/×	××××/×	××××/×
10	1001/0	0000/1	××××/×	××××/×

图 6 - 23　例 6 - 5 的状态转换卡诺图

使用的状态在设计时当作约束项处理，并用"×"表示。化简时可以把五个卡诺图分别画出后，利用卡诺图化简的方法化简(本例略去详细的卡诺图，前述知识已讲)。

根据卡诺图化简的方法，可以得到状态方程和输出方程为

$$Q_0^{n+1} = \overline{Q_0^n}$$

$$Q_1^{n+1} = \overline{Q_3^n} Q_0^n \overline{Q_1^n} + \overline{Q_0^n} Q_1^n$$

$$Q_2^{n+1} = Q_0^n Q_1^n \overline{Q_2^n} + \overline{Q_0^n Q_1^n} Q_2^n$$

$$Q_3^{n+1} = Q_0^n Q_1^n Q_2^n \overline{Q_3^n} + \overline{Q_0^n} Q_3^n$$

$$C = Q_3^n Q_0^n = \overline{\overline{Q_3^n Q_0^n}}$$

(4) 查自启动特性。存在死循环的计数器在使用时可能造成计数系统的错误，因此在设计计数器时需要检查计数器的自启动特性。查自启动特性的方法是将没有使用的编码状态(化简时当作约束项处理)代入特性方程和输出方程中，求出它们的次态结果，检查是否构成死循环。若存在死循环，则必须打破死循环，重新化简卡诺图，修改状态方程。例6-5自启动特性的检查结果如表6-6所示，从表中可以看出，所有无效状态均能回到有效状态，说明得到的状态方程设计的计数器具有自启动能力。

表6-6 例6-5自启动特性的检查结果

Q_3^n	Q_2^n	Q_1^n	Q_0^n	Q_3^{n+1}	Q_2^{n+1}	Q_1^{n+1}	Q_0^{n+1}
1	0	1	0	1	0	1	1
1	0	1	1	0	1	0	0
1	1	0	0	1	1	0	1
1	1	0	1	0	1	0	0
1	1	1	0	1	1	1	1
1	1	1	1	0	0	0	0

(5) 选择触发器的类型，求驱动方程。设计计数器时可以选择D触发器或JK触发器作为存储元件，但选择JK触发器可以使电路设计结果比较简单，因此一般都选择JK触发器。

JK触发器的特性方程为

$$Q^{n+1} = J\overline{Q^n} + \overline{K} Q^n$$

将JK触发器的特性方程与上面的状态方程比较，得到4级触发器的驱动方程为

$$J_0 = K_0 = 1$$

$$J_1 = \overline{Q_3^n} Q_0^n, \ K_1 = Q_0^n$$

$$J_2 = K_2 = Q_1^n Q_0^n$$

$$J_3 = Q_2^n Q_1^n Q_0^n, \ K_3 = Q_0^n$$

(6) 画逻辑电路图。根据驱动方程和输出方程，画出的同步十进制加法计数器的逻辑电路图，如图6-24所示。

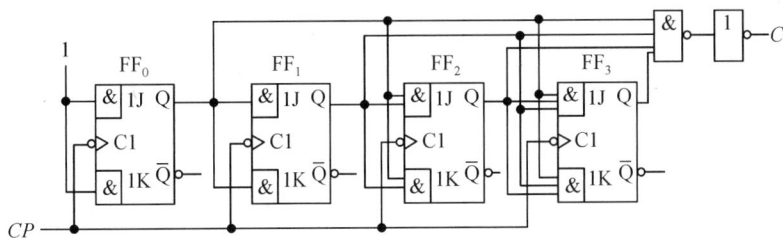

图 6-24 例 6-5 计数器电路

6.5 寄存器和移位寄存器

寄存器和移位寄存器是时序逻辑电路的常用电路，它们是用来暂存二进制信息的逻辑电路。它们都具有暂时保存数码的记忆功能，不同之处是移位寄存器具有移位功能，而寄存器却没有这种功能。

6.5.1 寄存器

寄存器能够接收、存放、传送和清除数码，一般称为数码寄存器，主要由触发器和一些控制门组成，其逻辑功能可以用传统的时序逻辑电路分析方法进行分析。但由于其结构简单且有规律，一般可从触发器和门电路的基本功能出发直接进行分析。使用 D 触发器或 D 锁存器构成的寄存器最为方便。

用 4 级 D 触发器构成的 4 位数码寄存器电路如图 6-25 所示，4 级 D 触发器的输入端构成 4 位数码输入端 $D_0 D_1 D_2 D_3$，输出端构成 4 位数码输出端 $Q_0 Q_1 Q_2 Q_3$。触发器的时钟端连接在一起，作为数据锁存输入端 CP，异步置 0 端 $\overline{R}$ 连接在一起，作为整个电路的复位端 $\overline{R_D}$。

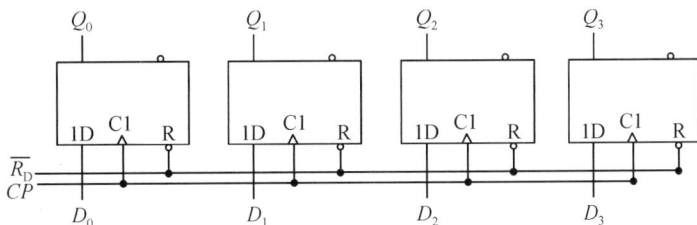

图 6-25 4 位数码寄存器电路

由电路的结构可以看出，当复位端 $\overline{R_D}$ 为 0 时，触发器被复位，输出全为 0。当复位端 $\overline{R_D}$ 为 1 时，用时钟 CP 的上升沿，将输入的 4 位数码锁存，锁存后的数码从输出端输出。

在集成电路中，寄存器的种类很多，其位数有 4 位、8 位等。一般 4 级触发器构成的寄存器可以存储 4 位数码，8 级触发器构成的寄存器可以存储 8 位数码，N 级触发器可以构成 N 位寄存器，存储 N 位数码。寄存器的输出端有单端输出 Q，反相输出 $\overline{Q}$，以及互补输出 Q 和 $\overline{Q}$。常用的 8 位 D 锁存器 74LS373、74LS573 等还具有三态输出特性，便于在计算机的总线上使用。

6.5.2 移位寄存器

移位寄存器除了具有存储数码的功能外，还有移位功能。移位功能是指寄存器中的数据能在移位脉冲的作用下，依次向左移或向右移。能使数据向左移的寄存器称为左移移位寄存器，能使数据向右移的寄存器称为右移移位寄存器，能使数据即可向左移也能向右移的寄存器称为双向移位寄存器。

移位寄存器有两种信息输入方式，即串行输入和并行输入。对于右移移位寄存器，串行输入方式就是在同一个时钟的控制下，将信息输入到移位寄存器的最左端，同时已存入的信息右移一位。左移移位寄存器是把串行输入的信息输入到最右端，已存入的信息向左移。并行输入方式就是把全部信息同时输入寄存器。

移位寄存器的输出方式也有两种，即串行输出和并行输出。对于右移移位寄存器，串行输出方式就是将最右边的触发器输出作为电路的输出，在时钟脉冲的控制下，数据一位一位地从这个输出端输出。而对于左移移位寄存器，则是将最左边的触发器的输出作为电路的输出。并行输出方式是将构成移位寄存器的全部触发器的输出作为电路的输出，数据可以从这些触发器的输出端同时输出。

由 D 触发器构成的 4 位右移移位寄存器电路如图 6-26 所示，4 位左移移位寄存器电路如图 6-27 所示。

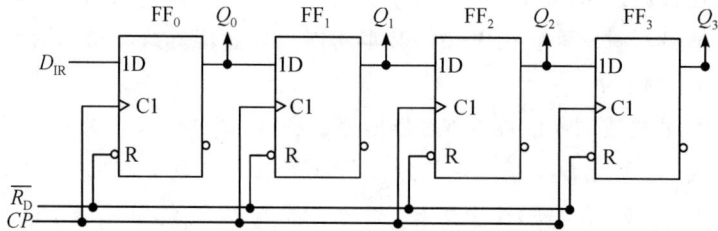

图 6-26   4 位右移移位寄存器电路

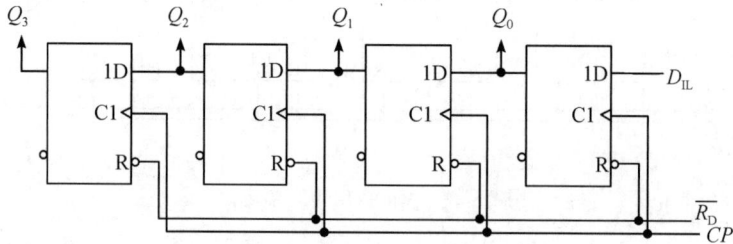

图 6-27   4 位左移移位寄存器电路

从图 6-26 和图 6-27 中可以看出，若把左边的触发器的输出 Q 作为右边触发器的 D 输入，则构成右移移位寄存器，若把右边的触发器的输出 Q 作为左边触发器的 D 输入，则构成左移移位寄存器。D_{IR} 是右移移位寄存器的输入端，由于数据只能从这个输入端一位一位地进入，所以又称为串行输入端。D_{IL} 是左移移位寄存器的串行输入端。下面以如图

6-26 所示的 4 位右移移位寄存器为例,介绍移位寄存器的工作原理。

根据图 6-26 电路的连接方式,可以写出各级触发器的状态方程为

$$Q_0^{n+1} = D_0 = D_{IR}$$

$$Q_1^{n+1} = D_1 = Q_0^n$$

$$Q_2^{n+1} = D_2 = Q_1^n$$

$$Q_3^{n+1} = D_3 = Q_2^n$$

由状态方程可以看出,当 CP 的上升沿同时作用于所有的触发器时,FF_0 接收输入 D_{IR} 的信号,而 FF_1 接收 FF_0 的原态、FF_2 接收 FF_1 的原态、FF_3 接收 FF_2 的原态,这样的效果相当于移位寄存器里原有的数码依次向右移了一位。

假如在 4 个时钟周期内,输入的数码依次为 1011,而移位寄存器的初始状态为 0000,那么在 CP 的作用下,移位寄存器中数码移动的情况如表 6-7 所示。各级触发器输出端在移位过程中的电压波形如图 6-28 所示。

表 6-7 移位寄存器中数码移动状态表

CP 的时序	D_{IR}	Q_0	Q_1	Q_2	Q_3
0	0	0	0	0	0
1	1	1	0	0	0
2	0	0	1	0	0
3	1	1	0	1	0
4	1	1	1	0	1

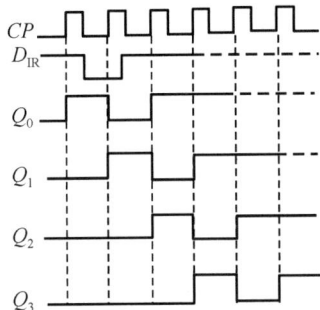

图 6-28 4 位右移移位寄存器的电压波形

从图 6-28 中可以看出,经过 4 个 CP 信号后,串行输入的 4 位数码全部移入移位寄存器中,同时在 4 级触发器的输出端得到并行输出的数码,即 $Q_3 Q_2 Q_1 Q_0 = 1011$。根据这个原理,移位寄存器可以实现将串行数据转换为并行数据的串/并转换。

6.5.3 集成移位寄存器

根据移位寄存器输入输出方式的不同,集成移位寄存器可以分为五类,即串入-并出单向移位寄存器,串入-串出单向移位寄存器,串入、并入-串出单向移位寄存器,串入、并入-并出单向移位寄存器,串入、并入-并出双向移位寄存器。

下面以 74LS194(CT74194)双向移位寄存器为例,介绍集成移位寄存器的功能及使用

方法。双向移位寄存器 74LS194 的逻辑符号如图 6-29 所示，其功能表如表 6-8 所示。74LS194 由 4 级触发器组成，$Q_0Q_1Q_2Q_3$ 为移位寄存器的输出端，$D_0D_1D_2D_3$ 为并行数据输入端，D_{IR} 为右移串行数据输入端，D_{IL} 为左移串行数据输入端，CP 为时钟输入端，$\overline{R_D}$ 为复位端，S_1 和 S_0 为功能控制输入端。

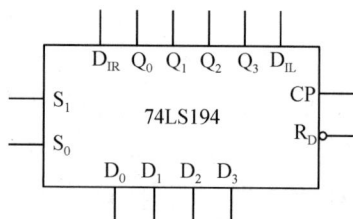

图 6-29   74LS194 的逻辑符号

表 6-8   74LS194 的功能表

$\overline{R_D}$	S_1	S_0	功能
0	×	×	置 0
1	0	0	保持
1	0	1	右移
1	1	0	左移
1	1	1	并行输入

由表 6-8 可见，当 $\overline{R_D}=0$ 有效时，构成移位寄存器的全部触发器被复位，$Q_0Q_1Q_2Q_3=0000$。当 $\overline{R_D}=1$ 无效时，由功能控制输入端 S_1 和 S_0 决定移位寄存器的工作状态，当 $S_1S_0=00$ 时，移位寄存器各级触发器的状态保持不变；当 $S_1S_0=01$ 时，完成右移功能；当 $S_1S_0=10$ 时，完成左移功能；当 $S_1S_0=11$ 时，执行并行数据输入操作。改变功能控制输入端的控制信号，可以使 74LS149 构成各种不同的数据输入、输出方式。

1. 并入-并出方式

并入-并出方式是当功能控制输入端 $S_1S_0=11$ 时实现的。在这种方式下，只要 CP 的上升沿到来，移位寄存器就把并行数据输入端 $D_0D_1D_2D_3$ 的数据接收过来，使 $Q_0Q_1Q_2Q_3=D_0D_1D_2D_3$，实现并行输入，然后可以将数据从 $Q_0Q_1Q_2Q_3$ 输出，实现并行输出，这种方式常应用于数据锁存。

2. 并入-串出方式

并入-串出方式是先执行数据并入功能(即 $S_1S_0=11$)，将数据并入后，改变 S_1S_0 信号使寄存器执行右移($S_1S_0=01$)或左移($S_1S_0=10$)功能，然后把最右边(右移时)的触发器 Q_3 端或最左边(左移时)的触发器 Q_0 端作为输出，在 CP 脉冲的控制下，使存入寄存器的数据一位一位地输出，实现串行输出。并入-串出方式可以把并行数据转换为串行数据(即并/串转换)，这是实现计算机串行通信的重要操作过程。

3. 串入-并出方式

串入-并出方式在分析 4 位右移移位寄存器时介绍过，对于 74LS194 来说，只要执行右移或左移功能，就能实现这种工作方式。若执行右移功能，则串行数据从 D_{IR} 端输入，经过 4 个时钟周期，可以将 4 位串行数据输入到寄存器中，然后从 $Q_0Q_1Q_2Q_3$ 并行输出。串入-并出方式可以把串行数据转换为并行数据（即串/并转换），这也是实现计算机串行通信的重要操作过程。

4. 串入-串出方式

串入-串出方式是通过寄存器执行右移或左移功能实现的。若执行右移功能，则串行数据从 D_{IR} 端输入，然后以任何一个触发器的 Q 端作为输出，在 CP 脉冲的控制下，输入数据一位一位地存入寄存器，同时又一位一位地从某一个 Q 端输出，实现串入-串出方式。从如图 6-28 所示的右移移位寄存器的波形可以看出，从每个触发器 Q 端输出的波形是相同的，区别在于后级触发器 Q 输出波形比前级触发器 Q 输出波形滞后一个 CP 周期，因此工作于串入-串出方式的移位寄存器被称为"延迟线"。

74LS194 可以实现多片级联，图 6-30 为由两片 74LS194 构成的 8 位双向移位寄存器电路。采用同样的方法，也可以实现由 4 片 74LS194 构成 16 位双向移位寄存器。

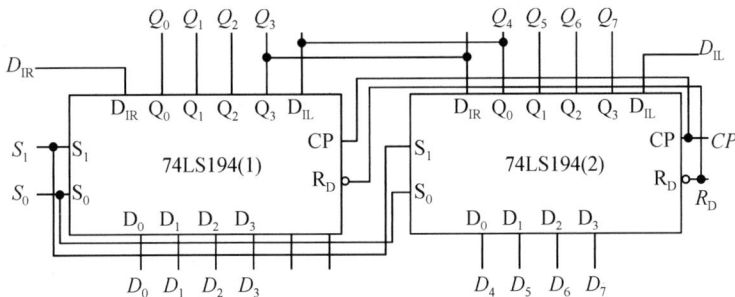

图 6-30　由两片 74LS194 构成的 8 位双向移位寄存器电路

【例 6-6】　图 6-31 是一个由 74LS194 移位寄存器构成的分频器电路，试分析该电路是几分频电路。

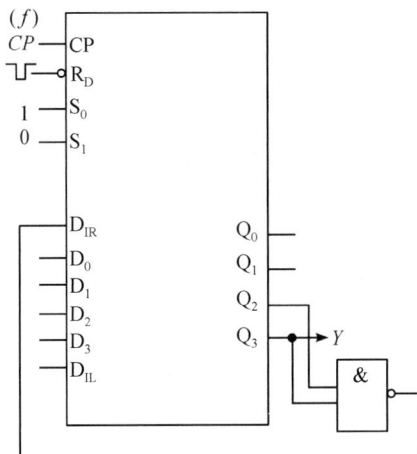

图 6-31　分频电路

解： 图 6-31 中控制信号 $S_1S_0 = 01$，74LS194 移位寄存器工作在右移方式。当电路工作时，首先会在复位端 $\overline{R_D}$ 输入一个负脉冲，74LS194 移位寄存器即被清零，4 个输出端

$Q_0Q_1Q_2Q_3=0000$。在这之后，随着时钟脉冲输入端 CP 不断输入频率为 f 的脉冲信号，74LS194 执行右移操作，右移串行数据输入端 D_{IR} 接收与非门反馈电路产生的信号，$D_{IR}=\overline{Q_3Q_2}$。该电路的状态表如表 6-9 所示。

表 6-9　分频电路的状态表

CP	Q_0	Q_1	Q_2	Q_3	$D_{IR}=\overline{Q_3Q_2}$
0	0	0	0	0	1
1	1	0	0	0	1
2	1	1	0	0	1
3	1	1	1	0	1
4	1	1	1	1	0
5	0	1	1	1	0
6	0	0	1	1	0
7	0	0	0	1	1
8	1	0	0	0	1
9	1	1	0	0	1

由状态表可知，电路在清零后输出 $Q_0Q_1Q_2Q_3=0000$，输入第一个 CP 脉冲之后，输出 $Q_0Q_1Q_2Q_3=1000$，输入 7 个脉冲循环一周，循环过程如表 6-9 所示中带箭头的连线所示。因此，该电路构成一个七进制计数器。由于该电路首先需异步清零，清零之后的状态 $Q_0Q_1Q_2Q_3=0000$ 不包含在循环态序中，相当于是一个启动状态，该电路不具有自启动能力。根据状态图得到的时序图如图 6-32 所示，从图中可以看到 74LS194 移位寄存器 4 个输出端 $Q_0Q_1Q_2Q_3$ 的脉冲信号是时钟信号 CP 的七分频信号，$Y=Q_3$，所以该电路是一个七分频电路。

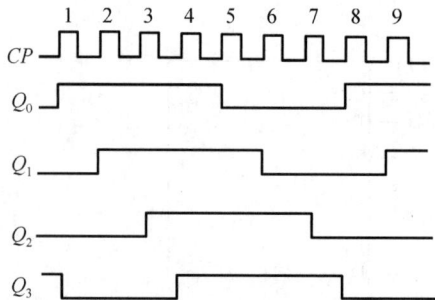

图 6-32　时序图

本 章 小 结

（1）时序逻辑电路通常由组合逻辑电路和存储电路两大部分组成，存储电路是必不可少的。时序逻辑电路的特点是存储电路具有记忆功能，它的输出状态不仅仅取决于此时的输入，还与电路之前的状态有关。

（2）时序逻辑电路按照时钟控制的同步性可分为两类：一类是同步时序逻辑电路，即所有触发器的 CP 端均受同一时钟脉冲源控制；另一类是异步时序逻辑电路（本章没有介绍，有兴趣的读者可以自学），即触发器的 CP 端受不同的触发脉冲控制。

（3）描述时序逻辑电路功能的方法有驱动方程、状态方程、输出方程、状态表、状态图和波形图（时序图），它们都有各自的特点，各有所用，且可以相互转换。逻辑方程组是具体时序逻辑电路的直接描述，状态表和状态图能给出时序逻辑电路的全部工作过程，时序图能更直观地显示电路的工作过程。为进行时序逻辑电路的分析与设计，应该熟练地掌握这几种描述方法。

（4）时序逻辑电路的分析与设计是两个互相逆反的过程。时序逻辑电路的分析步骤是：根据给定的时序逻辑电路，写出逻辑方程组，列出状态表，画出状态图或时序图，最后指出电路的逻辑功能。时序逻辑电路的设计步骤是：根据要实现的逻辑功能，作出原始状态图或原始状态表，然后进行状态化简和状态编码，再求出所选触发器的驱动方程、时序逻辑电路的状态方程和输出方程，最后画出设计好的逻辑电路图。其中画出正确的原始状态图或原始状态表是关键的一步，是后面几个设计步骤的基础。

（5）计数器不仅能用于累计输入时钟脉冲的个数，还能用于分频、定时、产生节拍脉冲等。寄存器的功能是存储二进制代码。移位寄存器不但可以存储代码，还可以用于数据的串行-并行转换、数据处理及数值的运算。

（6）计数器和寄存器是简单而又最常用的时序逻辑器件。它们在计算机和其他数字系统中的作用往往超过了它们自身的功能。时序逻辑电路的分析与设计方法都可以用于分析和设计计数器、寄存器及由它们组成的电路。

（7）移位寄存器型计数器自启动电路的设计步骤是：列出修改状态表和连接反馈电路输出端的触发器驱动表→求触发器的驱动方程→画逻辑电路图→电路检查，画出完整的状态图。

习　题　6

一、选择题

1. 以下不是时序逻辑电路功能的描述方法的是（　　　）。

A. 逻辑方程式　　　　B. 逻辑符号　　　　　　C. 状态图　　　　　　D. 时序图

2. 当 D 触发器用作计数型触发器时，输入端 D 的正确接法是（　　　）。

A. 0　　　　　　　　B. 1　　　　　　　　　 C. $\overline{Q}$　　　　　　　　D. Q

3. JK 触发器有（　　　）触发信号输入端。

A. 1 个　　　　　　　B. 2 个　　　　　　　　C. 3 个　　　　　　　D. 4 个

4. 当 $D=Q$ 时，D 触发器实现的逻辑功能是（　　　）。

A. 置 0　　　　　　　B. 置 1　　　　　　　　C. 翻转　　　　　　　D. 保持

5. 主从 JK 触发器的初态为 0，当 $JK=11$ 时，经过 2020 个触发脉冲后，其状态变化及输出状态为（　　　）。

A. 一直为 0　　　　　　　　　　　　　　　　B. 由 0 变为 1，然后一直为 1

C. 在 01 间翻转，最后为 1   D. 在 01 间翻转，最后为 0

6. 若某计数器状态变化为 $000 \rightarrow 101 \rightarrow 100 \rightarrow 011 \rightarrow 010 \rightarrow 001 \rightarrow 000$，则该计数器为（　　）。

A. 六进制减法计数器   B. 六进制加法计数器

C. 七进制减法计数器   D. 七进制加法计数器

7. 数码可以串行输入串行输出的电路为（　　）。

A. 计数器   B. 编码器

C. 移位寄存器   D. 数码显示器

8. 计数器的模是（　　）。

A. 触发器的个数   B. 实际计数状态的个数

C. 计数状态的最大可能个数   D. 计数状态的最小可能个数

9. 下列电路中不属于时序逻辑电路的是（　　）。

A. 译码器   B. 同步计数器

C. 数码寄存器   D. 异步计数器

10. 当 JK 触发器用作计数型触发器时，输入端 JK 的正确接法是（　　）。

A. $J=1$，$K=1$ B. $J=0$，$K=0$

C. $J=0$，$K=1$ D. $J=1$，$K=0$

二、填空题

1. 时序逻辑电路通常由＿＿＿＿＿电路和＿＿＿＿＿电路两部分组成。

2. 时序逻辑电路构成的基本单元是＿＿＿＿＿。

3. 构造一个模 6 计数器，电路需要＿＿＿＿＿个状态，最少要用＿＿＿＿＿个触发器，它有＿＿＿＿＿个无效状态。

4. 4 位扭环形计数器的有效状态有＿＿＿＿＿个。

5. 移位寄存器不但可＿＿＿＿＿，而且还能对数据进行＿＿＿＿＿。

6. 时序图即时序电路的＿＿＿＿＿。它能直观地描述时序电路的＿＿＿＿＿、输出信号、＿＿＿＿＿及电路的状态转换等在时间上的对应关系。

7. 时序逻辑电路设计是时序逻辑电路分析的逆过程，即根据给定的＿＿＿＿＿要求，选择适当的逻辑器件，设计出符合要求的时序逻辑电路。

8. 时序逻辑电路按其不同的状态改变方式，可分为＿＿＿＿＿时序逻辑电路和＿＿＿＿＿时序逻辑电路。

9. 8 位移位寄存器，串行输入时需经过＿＿＿＿＿CP 脉冲作用后，8 位数码才能够全部移入寄存器中。

10. 构成一个 2^n 进制计数器，共需要＿＿＿＿＿个触发器。

三、简答题

1. 时序逻辑电路的特点是什么？与组合逻辑电路有什么区别？

2. 描述时序逻辑电路的功能的方法有哪些？各有什么特点？

3. 分析时序逻辑电路的一般步骤是什么？

4. 什么叫计数器？同步计数器有什么特点？

5. 什么是移位寄存器？它有什么主要用途？

四、综合题

1. 试写出如图 6 - 33 所示电路的驱动方程、状态方程、输出方程，画出状态图，并按照所给波形画出输出端 Y 的波形。

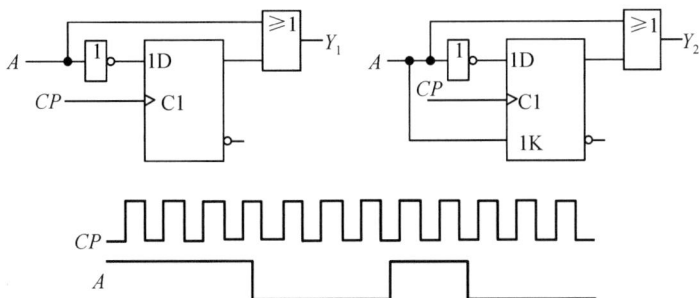

图 6 - 33　D 触发器和 JK 触发器电路

2. 分析如图 6 - 34 所示的电路，写出驱动方程、状态方程、输出方程，画出状态表和状态图。

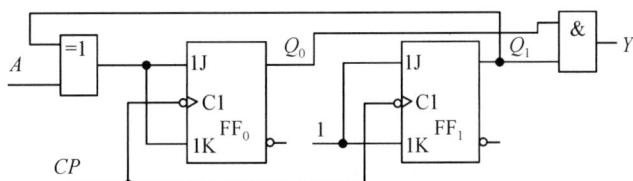

图 6 - 34　下降沿触发的 JK 触发器电路

3. 分析如图 6 - 35 所示的电路，写出驱动方程、状态方程、输出方程，画出状态表和状态图。

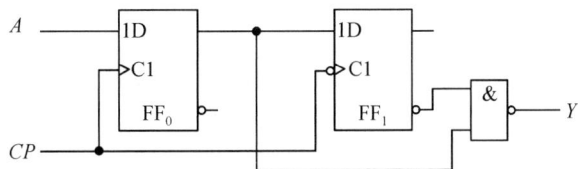

图 6 - 35　D 触发器电路

4. 分析如图 6 - 36 所示的电路，写出驱动方程、状态方程、输出方程，画出状态表和状态图。

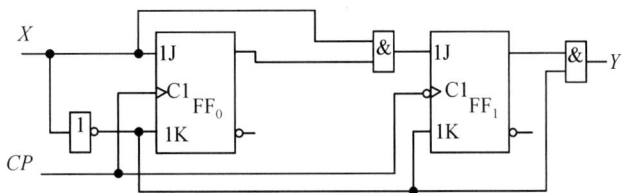

图 6 - 36　上升沿触发的 JK 触发器电路

第 7 章　脉冲单元电路

　　矩形波是一种脉冲波形，它不仅可以代表数字信息，而且可以作为时序逻辑电路的时钟信号。本章重点介绍矩形脉冲信号的产生和整形电路。多谐振荡器是脉冲产生电路；脉冲整形电路包括施密特触发器和单稳态触发器。555 定时器是一种多用途的数字/模拟混合集成电路，本章以 555 定时器为主，介绍用它构成的施密特触发器和单稳态触发器电路。

学习目标

　　(1) 理解矩形脉冲信号的产生和整形电路；
　　(2) 熟悉 555 定时器；
　　(3) 熟悉并掌握施密特触发器和单稳态触发器。

思政教学目标

　　培养学生的探究精神、工匠精神、职业道德、爱国情怀、社会责任感、新时代创新能力等。

7.1　脉冲单元电路概述

7.1.1　脉冲单元电路的分类和波形参数

　　脉冲波形的产生途径有两种：一种是利用多谐振荡器直接产生所需要的矩形脉冲，另一种是通过整形电路把已有的周期变化的波形变换为符合要求的矩形脉冲。因此，把脉冲电路分为脉冲产生电路和脉冲整形电路两大类。

　　矩形波(如图 7-1 所示)是数字系统常用的信号，波形的好坏直接影响到系统的性能。常用以下参数描述矩形波：

　　(1) 脉冲周期 T：在周期性重复的脉冲序列中，两个相邻脉冲的时间间隔。

　　(2) 脉冲幅度 U_m：脉冲电压的最大变化幅度。

　　(3) 脉冲宽度 t_w：从脉冲前沿到达 $0.5U_m$ 起，到脉冲后沿到达 $0.5U_m$ 止的时间。

（4）上升时间 t_r：脉冲上升沿从 $0.1U_m$ 上升到 $0.9U_m$ 所需的时间。

（5）下降时间 t_f：脉冲下降沿从 $0.9U_m$ 下降到 $0.1U_m$ 所需的时间。

（6）占空比 q：脉冲宽度与脉冲周期的比值，即 $q=t_w/T$。

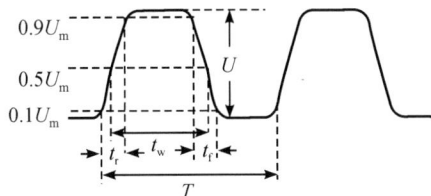

图 7-1 矩形脉冲示意图

7.1.2 555 定时器

555 定时器（时基电路）是一种用途广泛的数字/模拟混合集成电路。555 定时器于 1972 年由西格尼蒂克斯公司（Signetics）研制，其设计新颖、构思奇巧，备受电子专业设计人员和电子爱好者青睐。555 定时器结构简单、使用灵活、用途广泛，因而在控制、定时、检测、仿声、报警等方面有着广泛的应用，它具有如下三个特点：

（1）外部只需连接几个阻容元件便可以方便地构成施密特触发器、多谐振荡器、单稳态触发器和压控振荡器等多种应用电路。

（2）电源电压范围宽（3～18 V），能够提供与 TTL 及 CMOS 集成电路兼容的逻辑电平。

（3）具有一定的输出功率，可驱动微电机、指示灯和扬声器等。

555 定时器有 TTL 型和 CMOS 型两类产品，其中 TTL 型产品型号最后三位为 555，CMOS 型产品型号最后四位为 7555。它们的功能和外部引脚排列完全相同，因此人们习惯把它们统称为 555 定时器。

555 定时器的内部结构如图 7-2 所示，它由三个阻值为 5 kΩ 的电阻构成的电阻分压器、两个高精度电压比较器、基本 RS 触发器和集电极开路的放电三极管 V_T 四部分组成。图 7-3 为 555 定时器的逻辑符号图，表 7-1 为其功能表。

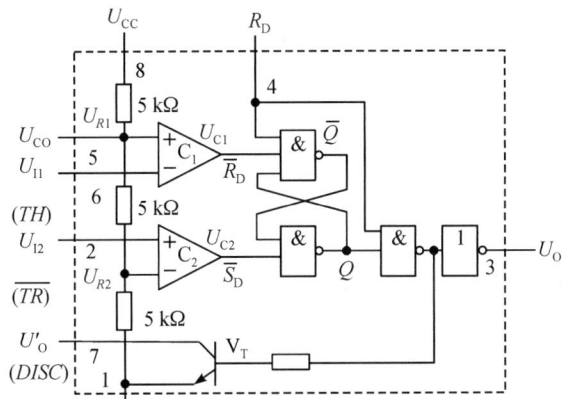

图 7-2 555 定时器的内部结构

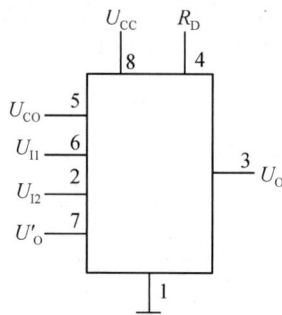

图 7 - 3 555 定时器的逻辑符号

表 7 - 1 555 定时器的功能表

输　　入			输　　出	
TH	$\overline{TR}$	R_D	Q	V_T
$\times$	$\times$	0	0	导通
大于 $2U_{CC}/3$	大于 $U_{CC}/3$	1	0	导通
小于 $2U_{CC}/3$	小于 $U_{CC}/3$	1	1	截止
小于 $2U_{CC}/3$	大于 $U_{CC}/3$	1	保持原态	

7.2 施密特触发器

　　施密特触发器是数字电路中比较常用的一种电路，它有两个稳定的状态，是由电平触发的双稳态电路。利用其电平触发的特性可以将正弦波、三角波、不规则的矩形波等变换为矩形波。它也可以作为鉴幅器来使用。同时，其还有以下两个重要特点：

　　(1) 在输入信号从低电平到高电平的上升过程中，输出状态转换时刻对应的输入电平，与输入信号从高电平到低电平的下降过程中，输出状态转换时刻对应的输入电平不同，即具有"回差"。

　　(2) 在电路转换时，通过电路内部的正反馈过程输出的电压波形的边沿变得很陡峭。

　　利用这两个特点，不仅能将边沿缓慢的信号波形整形为边沿陡峭的矩形波，而且能将叠加在输入波形上的噪声有效地清除。

7.2.1 用 555 定时器构成施密特触发器

　　用 555 定时器构成的施密特触发器如图 7 - 4 所示。在电路中，将 555 定时器的 U_{I1} 和 U_{I2} 输入端连接在一起，作为信号输入端 U_I，由 U_{CC} 经三个电阻分压产生 C_1 和 C_2 的参考电压，即 $U_{R1}=\dfrac{2}{3}U_{CC}$、$U_{R2}=\dfrac{1}{3}U_{CC}$。控制电压输入端 U_{CO} 未用，为了防止引脚悬空引入干扰，将 U_{CO} 通过 $0.01\ \mu F$ 的电容接到地端。

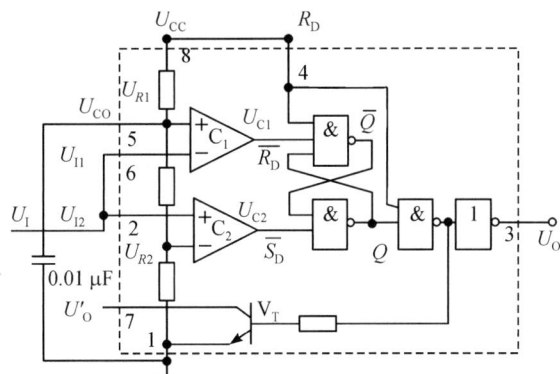

图 7 - 4　555 定时器构成的施密特触发器

施密特触发器的主要用途是将缓变的输入波形变换为边沿陡峭的矩形波。下面以三角波作为输入信号，分析施密特触发器的工作过程。

电路的输入波形如图 7 - 5(a)所示，输入信号经历上升和下降两个过程。在 U_I 由 0 开始逐渐上升的过程中，当 $U_I < \frac{1}{3}U_{CC}$（$U_{I1} < U_{R1}$，$U_{I2} < U_{R2}$）时，$U_{C1}=1$，$U_{C2}=0$，基本 RS 触发器被置 1，输出为高电平，即 $U_O = U_{OH}$。

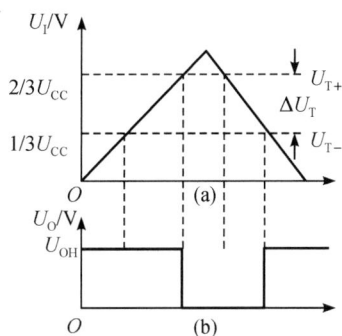

图 7 - 5　图 7 - 4 电路的电压波形图

当 U_I 上升到 $\frac{1}{3}U_{CC} < U_I < \frac{2}{3}U_{CC}$（$U_{I1} < U_{R1}$，$U_{I2} > U_{R2}$）时，$U_{C1}=1$，$U_{C2}=1$，基本 RS 触发器处于保持状态，故 $U_O = U_{OH}$ 不变。

当 U_I 上升到 $U_I > \frac{2}{3}U_{CC}$（$U_{I1} > U_{R1}$，$U_{I2} > U_{R2}$）时，$U_{C1}=1$，$U_{C2}=1$，基本 RS 触发器处于保持状态，故 $U_O = U_{OL}$。

当 U_I 从高于 $\frac{2}{3}U_{CC}$ 开始下降，即 $U_I > \frac{2}{3}U_{CC}$（$U_{I1} > U_{R1}$，$U_{I2} > U_{R2}$）时，$U_{C1}=0$，$U_{C2}=1$，基本 RS 触发器为 0，输出为低电平，$U_O = U_{OL}$。

当 U_I 下降到 $\frac{1}{3}U_{CC} < U_I < \frac{2}{3}U_{CC}$（$U_{I1} < U_{R1}$，$U_{I2} > U_{R2}$）时，$U_{C1}=1$，$U_{C2}=1$，基本 RS 触发器处于保持状态，故 $U_O = U_{OL}$。

当 U_I 下降到 $U_I < \frac{1}{3}U_{CC}$（$U_{I1} < U_{R1}$，$U_{I2} < U_{R2}$）时，$U_{C1}=1$，$U_{C2}=0$，基本 RS 触发器被置 1，输出为高电平，故 $U_O = U_{OH}$。

由上述分析可见，施密特触发器可以将缓变的输入波形转换为边沿陡峭的矩形波。同时也可看出，在输入信号上升过程中，输出状态转换时刻对应的输入电平 U_{T+}，与输入信号下降过程中，输出状态转换时刻对应的输入电平 U_{T-} 的值是不同的。它们之间的差值称为"回差"，记作 ΔU_T，即 $\Delta U_T = U_{T+} - U_{T-}$。在本电路中，$\Delta U_T = U_{T+} - U_{T-} = \frac{2}{3}U_{CC} - \frac{1}{3}U_{CC} = \frac{1}{3}U_{CC}$。

7.2.2　集成施密特触发器

由于施密特触发器的应用非常广泛，因此无论是在 TTL 电路中还是在 CMOS 电路中，都有单片集成的施密特触发器产品。TTL 电路产品有施密特 4 输入双与非门 CT5413/CT7413、施密特六反相器 CT5414/CT7414、施密特 2 输入四与非门 CT54132/CT74132 等。CMOS 电路产品有施密特六反相器 CC40106、施密特 2 输入四与非门 CC14093 等。

7.3　单稳态触发器

单稳态触发器的特点如下：

（1）它有稳态和暂稳态两个不同的工作状态。

（2）在外界触发脉冲作用下，能从稳态翻转到暂稳态。在暂稳态维持一段时间以后，再自动返回稳态。

（3）暂稳态维持时间的长短取决于电路本身的参数，与触发脉冲的宽度和幅度无关。

由于具备这些特点，单稳态触发器被广泛应用于脉冲整形、延时（产生滞后于触发脉冲的输出脉冲）以及定时（产生固定时间宽度的脉冲信号）等电路。

用 555 定时器构成的单稳态触发器电路如图 7-6 所示。在电路中，555 定时器的 U_{I2} 输入端是电路的外触发信号输入端 U_I，把 U_{I1} 输入端与放电三极管 V_T 的放电端 U_O'（$DISC$）连接在一起，并接到 RC 回路中的 U_C 端。

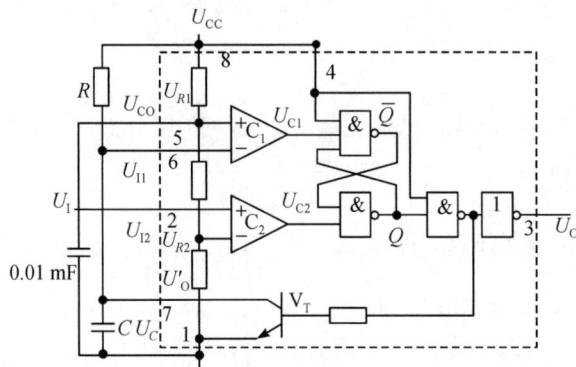

图 7-6　用 555 定时器构成的单稳态触发器电路

单稳态触发器的外触发信号 U_I 的有效电平是低电平,当没有触发信号时,U_I 处于高电平($U_{I2} > \frac{1}{3} U_{CC}$),这时,放电三极管 V_T 导通,$U_c \approx 0$,即 $U_I < \frac{1}{3} U_{CC}$,使得 $U_{C1} = 1$、$U_{C2} = 1$,基本 RS 触发器处于保持状态,$Q = 0$,$U_O = 0$,单稳态触发器处于稳态。单稳态触发器处于 $Q = 1$、$U_O = 1$ 状态是不稳定的,称为暂稳态。因为当 $Q = 1$ 时,V_T 截止,U_{CC} 可以经过 R 对电容 C 充电,使得 $U_c (U_{I1})$ 电压上升。当 $U_c > \frac{2}{3} U_{CC}$ 时,$U_{C1} = 0$,$U_{C2} = 1$,基本 RS 触发器被置 0,使得 $Q = 0$、$U_O = 0$,电路回到稳态。

在输入脉冲下降沿的触发下,U_{I2} 跳变到 $\frac{1}{3} U_{CC}$ 以下,由于 $U_{C2} = 0$(此时 $U_{C1} = 1$),基本 RS 触发器被置 1,输出 U_O 跳变到高电平,使 $Q = 1$,$U_O = 1$,电路进入暂稳态。在暂稳态时,V_T 截止,U_{CC} 开始通过 R 对电容 C 充电,使电容器上的电压 U_c 上升。

当 U_c 上升到 $U_c (U_{I1}) > \frac{2}{3} U_{CC}$ 时,$U_{C1} = 0$。若此时输入端的触发已消失,回到高电平,则基本 RS 触发器将被置 0,输出返回 $U_O = 0$ 状态。同时 V_T 又变为导通状态,电容 C 通过 V_T 迅速放电,直至 $U_c \approx 0$,电路自动恢复到稳态。在输入触发信号作用下,单稳态触发器 U_c 和 U_O 的电压波形如图 7 - 6 所示。

输出脉冲宽度 t_W 是单稳态触发器的主要技术参数,它表示的是暂稳态的持续时间。由如图 7 - 7 所示的电压波形可知,t_W 等于电容电压 U_c 在充电过程中从 0 上升到 $\frac{2}{3} U_c$ 所需的时间。

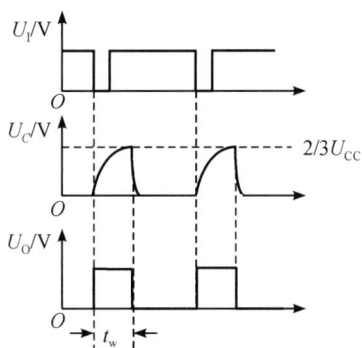

图 7 - 7　单稳态触发器的电压波形图

本 章 小 结

(1)一般的脉冲电路是由开关电路和惰性电路构成的。常用的脉冲单元电路有多谐振荡器、施密特触发器和单稳态触发器。

(2)单稳态触发器的主要用途是脉冲整形和定时,它的主要技术指标是输出脉冲宽度。

(3)施密特触发器为双稳态触发器。它与前几章讨论的双稳态触发器的不同之处是:

它由电平触发而不是由脉冲触发。学习中要注意施密特触发器在外加电平变化时从一个稳态向另一个稳态转换的过程、回差的概念及计算等。它的主要用途是将缓变的输入波形变换为快变的矩形波，它的主要技术参数是回差，回差的作用是提高抗干扰能力。

（4）集成定时器 555 是一种专为脉冲电路而特制的电路，用 555 定时器可以很方便地实现各种脉冲电路。用 555 定时器构成的施密特触发器的回差 $\Delta U_T = \dfrac{1}{3} U_{CC}$；用 555 定时器构成的单稳态触发器的输出脉冲宽度 $t_W \approx 1.1RC$；用 555 定时器构成的多谐振荡器的振荡周期 $T = 0.7(R_1 + 2R_2)C$。

习 题 7

一、选择题

1. 若加大施密特触发器的回差电压，则会使施密特触发器（　　）。

A. 输出幅度加大　　　　　　　　　　B. 带负载能力加强

C. 输出脉冲宽度加大　　　　　　　　D. 抗干扰能力加强

2. 单稳态触发器在暂稳态持续时间的长短取决于（　　）。

A. 触发脉冲的宽度　　　　　　　　　B. 触发脉冲的幅度

C. 电路本身的参数　　　　　　　　　D. 触发脉冲的频率

3. 由 555 定时器构成的单稳态触发器，若改变比较器 C_1 的同相输入端电压 U_{CO} 的值，则（　　）。

A. 可改变输出脉冲的宽度　　　　　　B. 可改变输出脉冲的幅度

C. 可提高电路带负载能力　　　　　　D. 对输出波形无影响

4. 脉冲整形电路有（　　）。

A. 多谐振荡器　　　　　　　　　　　B. 单稳态触发器

C. 施密特触发器　　　　　　　　　　D. 555 定时器

5. 多谐振荡器可产生（　　）。

A. 正弦波　　　　　　　　　　　　　B. 矩形脉冲

C. 三角波　　　　　　　　　　　　　D. 锯齿波

6. 石英体多谐荡器的突出优点是（　　）。

A. 速度高　　　　　　　　　　　　　B. 电路简单

C. 振荡频率稳定　　　　　　　　　　D. 输出波形边沿陡峭

7. TTL 单定时器型号的最后几位数字为（　　）。

A. 555　　　　　　　　　　　　　　 B. 556

C. 7555　　　　　　　　　　　　　　D. 7556

8. 555 定时器可以组成（　　）。

A. 多谐振荡器　　　　　　　　　　　B. 单稳态触发器

C. 施密特触发器　　　　　　　　　　D. JK 触发器

二、填空题

1. 555 定时器(时基电路)是一种用途广泛的＿＿＿＿＿＿＿混合集成电路。

2. 555 定时器＿＿＿＿＿＿＿、使用灵活、用途广泛,因而在控制、＿＿＿＿＿＿、＿＿＿＿＿＿、仿声、报警等方面有着广泛的应用。

3. 施密特触发器是数字电路中比较常用的一种电路,它有＿＿＿＿＿＿＿稳定的状态,是由＿＿＿＿＿＿＿的双稳态电路。

4. 单稳态触发器被广泛应用于＿＿＿＿＿＿、＿＿＿＿＿＿以及＿＿＿＿＿＿＿等电路。

5. 施密特触发器的主要技术参数是＿＿＿＿＿＿＿＿＿＿＿,它的作用是＿＿＿＿＿＿＿。

三、简答题

1. 单稳态触发器和施密特触发器的输出状态有何不同? 哪一个工作时不需要输入信号? 哪一个工作时只需要脉冲输入信号?

2. 555 定时器的工作原理是什么?

3. 施密特触发器的作用主要有哪些?

4. 单稳态触发器的工作原理是什么?

四、综合题

1. 用 555 定时器构成的施密特触发器的控制电压输入端 U_{CO} 接 5 V 电压时,其上限阈值电压 U_{T+}、下限阈值电压 U_{T-} 和回差 ΔU 各是多少?

2. 利用集成单稳态触发器 74121 设计一个逻辑电路,要求在输入信号上升沿的触发下,产生宽度为 500 ns 的负脉冲,画出电路图。

3. 利用 555 定时器设计一个单稳态触发器,要求输出脉冲宽度在 1 ～10 s 的范围内连续可调,取定时电容 $C=10\ \mu F$,画出电路图。

4. 利用 555 定时器设计一个脉冲电路,该电路振动 20 s 停 10 s,如此循环下去。该电路输出脉冲振荡周期 $T=1$ s,占空比等于 $1/2$,电容 C 均为 $10\ \mu F$,画出电路图。

第 8 章 D/A 和 A/D 转换器

本章导读

数字信号到模拟信号的转换称为数/模转换（简称 D/A 转换），能实现 D/A 转换的电路称为 D/A 转换器。模拟信号到数字信号的转换称为模/数转换（简称 A/D 转换），能实现 A/D 转换的电路则称为 A/D 转换器。在微型计算机工业检测与控制、数字测量仪表、数字通信等领域中，常常需要用到 D/A 和 A/D 转换。本章主要介绍 D/A 转换器和 A/D 转换器的工作原理、电路结构和主要技术指标。

学习目标

（1）了解数字控制系统原理；

（2）掌握 D/A 转换器和 A/D 转换器的电路结构、工作原理和技术指标；

（3）掌握权电阻网络 D/A 转换器的工作原理；

（4）掌握逐次逼近型 A/D 转换器的工作原理；

（5）了解集成 D/A 转换器和 A/D 转换器的典型系列产品。

思政教学目标

培养学生具有坚定的政治立场，爱党爱国，并且具备科技强国、使命担当的责任意识，具备法律法规、校纪校规的规则意识，以及实干精神和创新意识。

8.1 D/A 转换器

D/A 转换器的作用是将输入的数字量转换成与之成正比的模拟量输出。通常 D/A 转换器由基准电压、数码输入、电子模拟开关、解码电路及求和电路等几部分组成。

目前常见的 D/A 转换器有权电阻网络型、倒 T 形电阻网络型、权电流型、权电容网络型、开关树型等几种，其中有些类型的 D/A 转换器已有集成电路产品。下面以权电阻网络型和倒 T 形电阻网络型 D/A 转换器为例，介绍 D/A 转换器的电路结构、工作原理和主要技术指标。

8.1.1　D/A 转换器的电路结构

D/A 转换的电路结构示意图如图 8.1.1 所示。它由数码锁存器、电子开关、电阻网络和求和电路构成。D/A 转换是需要时间的，数码锁存器的作用就是把要转换的输入数字暂时保存起来，便于完成 D/A 转换。电子开关有两挡位置，一挡接基准电压 U_R，一挡接地($U=0$)。电子开关受数码锁存器中的数字控制，当数字为 1 时，开关接于 U_R，当数字为 0 时接地。电阻网络由不同阻值的电阻构成，电阻的一端跟随开关的位置分别接 U_R 或接地。当接 U_R 时，电阻上有电流，当接地时无电流。求和电路的作用是把电阻网络中各电阻上的电流汇合起来，再经过一个输出反馈电阻形成输出电压，输入的数字量越大，汇合的电流也越大，输出电压越高，使输出电压与输入的数字成正比例关系，从而实现数字量到模拟量的转换。

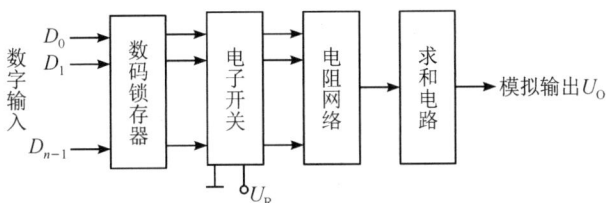

图 8-1　D/A 转换的电路结构示意图

根据电阻网络结构，D/A 转换器可分为权电阻网络 D/A 转换器，T 形 D/A 转换器、倒 T 形电阻网络 D/A 转换器和倒 T 形 D/A 转换器。

1. 权电阻网络 D/A 转换器

4 位权电阻网络 D/A 转换器的电路结构如图 8-2 所示。它由基准电压 U_R、权电阻电路 $R_0 \sim R_3$、求和运算电路 A 和电子模拟开关 $S_0 \sim S_3$ 组成。

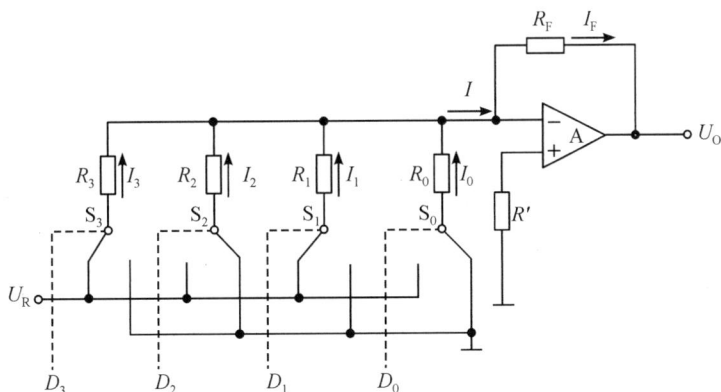

图 8-2　4 位权电阻网络 D/A 转换器的电路结构

权电阻网络 D/A 转换器的工作原理为：在反相加法运算放大器的各输入支路中接入不同的权电阻，使其在运算放大器输入端叠加而成的电流与相应的数字量成正比，然后利用运算放大器将电流转换成电压的原理，在其输出端得到一个与相应数字量成正比的电压。运算放大器输出的模拟电压量与输入数字量的关系为

$$U_O = U_R \cdot D$$

式中：D 为输入的数字量；U_O 为运算放大器输出的模拟电压量；U_R 为基准电压，也是输出量与输入量的比例系数。

对于一个 4 位二进制数，$D = D_3 D_2 D_1 D_0 = D_3 \times 2^3 + D_2 \times 2^2 + D_1 \times 2^1 + D_0 \times 2^0$，其中 2^3、2^2、2^1、2^0 分别表示各位的权，将它们代入 $U_O = U_R \cdot D$ 可得

$$U_O = U_R(D_3 \times 2^3 + D_2 \times 2^2 + D_1 \times 2^1 + D_0 \times 2^0)$$

为使问题简单起见，首先假设电路中的电阻 $R_0 \sim R_3$ 不通过电子模拟开关 $S_0 \sim S_3$，而直接与基准电压 U_R 相连，此时流入求和运算电路的电流 I 为

$$I = I_3 + I_2 + I_1 + I_0$$
$$= \frac{U_R}{R_3} + \frac{U_R}{R_2} + \frac{U_R}{R_1} + \frac{U_R}{R_0}$$
$$= U_R\left(\frac{1}{R_3} + \frac{1}{R_2} + \frac{1}{R_1} + \frac{1}{R_0}\right)$$

若权电阻电路按以下规律取值

$$R_0 = R, \ R_1 = \frac{R}{2^1}, \ R_2 = \frac{R}{2^2}, \ R_3 = \frac{R}{2^3}$$

则各电阻上流过的电流为

$$I_0 = \frac{U_R}{R}, \ I_1 = \frac{U_R}{R_1} = 2^1 I_0, \ I_2 = 2^2 I_0, \ I_3 = 2^3 I_0$$

这样，在参考电压 U_R 的作用下，各电阻上流过的电流与权对应，所以称 $I_0 \sim I_3$ 为权电流，相对应的各支路的电阻则为权电阻，此时

$$U_O = -I_F R_F = -I R_F$$
$$= -R_F(I_3 + I_2 + I_1 + I_0)$$
$$= -\frac{R_F}{R} U_R(2^3 + 2^2 + 2^1 + 2^0)$$
$$= -\frac{R_F}{R} U_R(1111)_B$$

输出电压与对应的二进制数 $(1111)_B$ 成比例。

但二进制数除了数字"1"外，还有可能为"0"。可在每一条权电阻支路中串入电子模拟开关 S。当电子模拟开关的控制端数字 D 为"1"时，相应的电子开关将此支路的电流引入求和运算电路；当控制端数字 D 为"0"时，相应的电子开关将此支路的电流直接引入接地端，电流不能流入运算放大器。设输入的二进制数为 $(1010)_B$，即 D_2 和 D_0 为 0，开关 S_2 和 S_0 将电流引入接地端，而 D_3 和 D_1 为 1，开关 S_3 和 S_1 将电流引入求和运算电路，流入求和电路的电路为

$$\sum I = I_3 + I_1 = \frac{U_R}{R}(2^3 + 2^1)$$

输出电压为

$$U_O = -\frac{R_F}{R} U_R(2^3 + 2^1) = -\frac{R_F}{R} U_R(1010)_B = K(1010)_B$$

式中：$K = -\dfrac{R_F}{R} U_R$。将权电阻网络扩大到 N 位，就可得 N 位权电阻网络 D/A 转换器，其一般表达式为

$$U_O = K \cdot N_B$$

权电阻网络 D/A 转换器的转换精度与每个权电阻的阻值的精度有关，而各权电阻阻值相差较远，保证精度较困难，为克服此缺点，通常采用倒 T 形电阻网络 D/A 转换器。

2. 倒 T 形电阻网络 D/A 转换器

倒 T 形电阻网络 D/A 转换器可以克服权电阻网络 D/A 转换器中，电阻阻值相差太大的缺点。4 位倒 T 形电阻网络 D/A 转换器的电路结构如图 8-3 所示。它由基准电压 U_R、由 R 及 $2R$ 电阻组成的倒 T 形解码网络、求和运算电路 A 和电子模拟开关 $S_0 \sim S_3$ 组成。

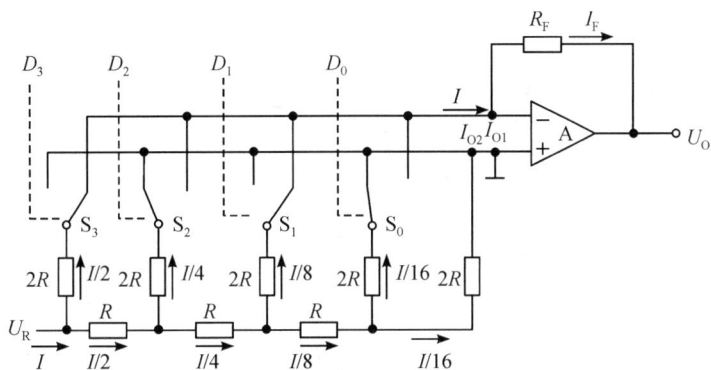

图 8-3　4 位倒 T 形电阻网络 D/A 转换器的电路结构

由反相输入运算放大器中虚地的概念可知，图 8-3 中不管电子模拟开关接入接地端还是接入求和运算放大器的反相输入端，其等效电路如图 8-4 所示。

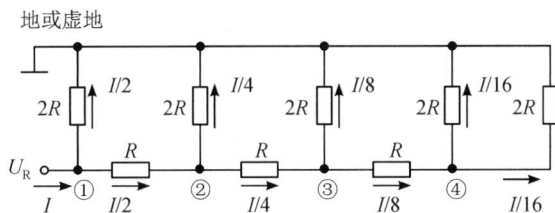

图 8-4　4 位倒 T 形电阻网络的等效电路

从等效电路中可以看出，不论从哪一个节点向右看，它和地之间的等效电阻均为 R。这样，流入节点①的电流 $I = U_R/R$，流入结点②、③、④的电流分别为 $I/2$、$I/4$、$I/8$。流过每一个 $2R$ 电阻的电流从左至右分别为 $I/2$、$I/4$、$I/8$ 和 $I/16$。

当电子模拟开关的控制端 D_i 为高电平时，相应的电子开关 S_i 将此支路的电流引入求和运算电路；当控制端为低电平时，此支路电流直接接地，不能流入运算放大器。设输入的二进制数仍为 1010，则只有开关 S_3 和 S_1 将电流引入求和运算电路，流入求和电路的电流为

$$I = \frac{I}{2} + \frac{I}{8} = \frac{U_R}{R}\left(\frac{1}{2^1} + \frac{1}{2^3}\right) = \frac{U_R}{R \cdot 2^4}(2^3 + 2^1) = \frac{U_R}{R \cdot 2^4}(1010)_B$$

输出电压为

$$U_O = -\frac{R_F U_R}{R \cdot 2^4}(2^3 + 2^1) = -\frac{R_F U_R}{R \cdot 2^4}(1010)_B = K(1010)_B$$

式中：$K = -\dfrac{R_F U_R}{R \cdot 2^4}$

将倒 T 形电阻网络扩大到 N 位，其总电流为

$$I = \frac{U_R}{R}\left(\frac{D_0}{2^N} + \frac{D_1}{2^{N-1}} + \cdots + \frac{D_{N-1}}{2^1}\right)$$

$$= \frac{U_R}{R \cdot 2^N}(D_0 \cdot 2^0 + D_1 \cdot 2^1 + \cdots + D_{N-1} \cdot 2^{N-1})$$

并可得 N 位倒 T 形电阻网络 D/A 转换器的一般表达式为

$$U_O = K \cdot N_B$$

式中：$K = -\dfrac{R_F U_R}{R \cdot 2^N}$；$N_B$ 为二进制数。

8.1.2 D/A 转换器的主要技术指标

D/A 转换器的主要技术参数有以下几种。

1. 分辨率

一个 N 位 D/A 转换器的额定分辨率就是最低位(LSB)的相对值，即 $\dfrac{1}{2^N - 1}$。由于该参数是由 D/A 转换器数字量的位数 N 所决定的，故常用位数表示，如 8 位(bit)、12 位、16 位等。位数越多，输出电压可分离的等级就越多，分辨率也越高。

2. 精度

精度是指当输入端加有最大数值量(全 1)时，D/A 转换器的实际输出值和理论计算值之差，它主要包括以下几点：

(1) 非线性误差。当每两个相邻数字量对应的模拟量之差都是 $2^N - 1$ 时，即为理想的线性特性。在满刻度范围内，偏离理想的转换特性的最大值称为非线性误差。它是由电子开关导通的电压降和电阻网络的电阻值的偏差产生的，常用满刻度的百分数来表示。

(2) 比例系数误差。它是指实际转换特性曲线的斜率与理想特性曲线斜率的误差，是由参考电压 U_R 的偏离引起的，也用满刻度的百分数来表示。

(3) 失调误差。它是由运算放大器的零点漂移引起的误差，与输入的数字量无关。

3. 建立时间

当 D/A 转换器的输入变化为满刻度时，其输出达到稳定值所需的时间称为建立时间或稳定时间，也称转换时间。

除上述参数外，还有电源电压和输出值范围等，这些在手册中都可查到。

8.1.3 集成 D/A 转换器

集成 D/A 转换器主要有 8 位 D/A 转换器 DAC08 系列和 12 位 D/A 转换器 DAC12 系

列产品芯片，DAC08 系列产品包括 DAC0830、DAC0831 和 DAC0832，DAC12 系列产品包括 DAC1208、DAC1209 和 DAC1210，它们可以完全代换。

DAC08 系列的 D/A 转换器集成芯片具有价格低廉、接口简单、转换控制容易等特点，因此目前应用在很多技术领域。下面以 DAC08 系列的 DAC0832 为例，介绍集成 D/A 转换器的内部结构、工作方式和应用。

1. DAC0832 的内部结构

DAC0832 的内部结构示意图如图 8-5 所示，包括 8 位输入锁存器、8 位 DAC 锁存器和 8 位 D/A 转换器。8 位输入锁存器用于 8 位数据 $D_0 \sim D_7$ 的数据采集，其锁存控制信号 LE_1 由数据锁存允许信号 ILE、片选信号 $\overline{CS}$ 和输入锁存器写选通信号 $\overline{WR_1}$ 控制，其控制表达式为 $LE_1 = ILE \cdot CS \cdot WR_1$，即当 $ILE = 1$、$\overline{CS} = 0$ 和 $\overline{WR_1} = 0$ 时，输入锁存器工作。8 位 DAC 锁存器用于 D/A 转换的数据锁存，其锁存控制信号 LE_2 由 DAC 锁存器写选通信号 $\overline{WR_2}$ 和传送控制信号 $\overline{XFER}$ 控制，其控制表达式为 $LE_2 = XFER \cdot WR_2$，即当 $\overline{WR_2} = 0$ 和 $\overline{XFER} = 0$ 时，DAC 锁存器工作。8 位 D/A 转换器完成 D/A 转换，该转换器是 T 形电阻网络转换器。

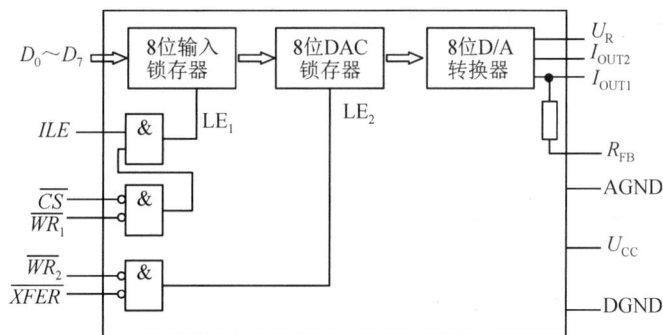

图 8-5　DAC0832 内部结构示意图

图 8-5 中，U_R 为外部基准电压输入端，工作电压范围为 $-10 \sim +10$ V；I_{OUT1} 和 I_{OUT2} 是一组差动模拟电流输出端，当 DAC 锁存器中的数码为全 "1"（最大）时，I_{OUT1} 的电流最大，当为全 "0"（最小）时，$I_{OUT1} = 0$；R_{FB} 是内部反馈电阻引出端，该引出端可以直接接到外部运算放大器的输出端；U_{CC} 是芯片的工作电压输入端，电压范围为 $+5 \sim +15$ V，15 V 时工作为最佳；AGND 是模拟地，接于系统模拟电路的工作地电压；DGND 是数字地，接于系统数字电路的地电压。

2. DAC0832 的工作方式

DAC0832 有双缓冲器、单缓冲器和直通三种工作方式。

双缓冲器工作方式是用 8 位输入锁存器完成数据采集，用 8 位 DAC 锁存器完成 D/A 转换的数据锁存。这种工作方式的转换速度比较快，但控制电路比较复杂，即既要控制 8 位输入锁存器，又要控制 8 位 DAC 锁存器。

单缓冲器工作方式是仅用一个 8 位输入锁存器既完成数据采集，又完成 D/A 转换的数据锁存。在这种工作方式中，$\overline{WR_2}$ 和 $\overline{XFER}$ 的低电平输入接地，使得 LE_2 恒为 "1"，让 8 位 DAC 锁存器作为一个数据通道。

在直通工作方式中，ILE 接高电平，$\overline{CS}$、$\overline{WR_1}$、$\overline{WR_2}$ 和 $\overline{XFER}$ 接低电平，使得 LE_1 和 LE_2 都为"1"，让 8 位输入锁存器和 8 位 DAC 锁存器都作为一个数据通道，数据输入 $D_0 \sim D_7$ 一旦有数据就直接进行 D/A 转换。

3. DAC0832 应用举例

DAC0832 是电流输出型 D/A 转换器，要获得模拟电压输出，需要外接运算放大器。根据外接的运算放大器的连接方式，可以得到单极性模拟电压输出和双极性模拟电压输出。

单极性模拟电压输出电路如图 8-6 所示，如果基准电压为 +5 V，当输入数字从全"0"到全"1"变化时，模拟输出电压 U_0 的变化范围是 $0 \sim +5$ V。

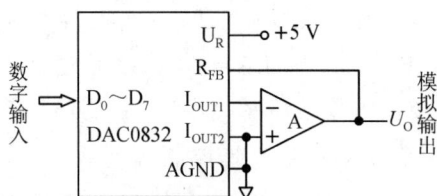

图 8-6　单极性模拟电压输出电路

双极性模拟电压输出电路如图 8-7 所示，在电路的输出端增加了一级运算放大电路，当输入数字从全"0"到全"1"变化时，模拟输出电压 U_0 的变化范围是 $-5 \sim +5$ V。

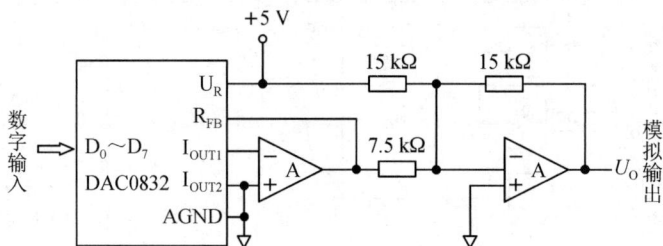

图 8-7　双极性模拟电压输出电路

8.2　A/D 转换器

A/D 转换器是实现将模拟输入量转换成相应的数字量输出的器件。A/D 转换器的种类很多，转换原理也各不相同，但基本上是由采样-保持、量化、编码几个环节组成的。常用的 A/D 转换器有并行 A/D 转换器、逐次逼近型 A/D 转换器、双积分型 A/D 转换器和计数型 A/D 转换器等。

8.2.1　A/D 转换器的基本原理

A/D 转换器的原理框图如图 8-8 所示，要实现模拟量到数字量的转换，通常要经过取样-保持、量化和编码等过程。

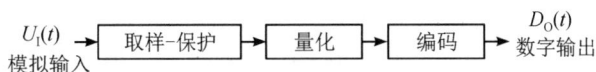

图 8-8　A/D 转换器的原理框图

1. 取样-保持

取样就是用周期性的取样脉冲 f_s，对输入模拟信号的幅度定时取出样值，并为 A/D 转换保持一定的时间。取样-保持电路的基本形式如图 8-9 所示，U_I 为输入模拟信号，U_O 为输出信号。取样脉冲 f_s 的波形如图 8-10 所示，f_s 高电平经历的时间是取样时间，低电平经历的时间是保持时间。

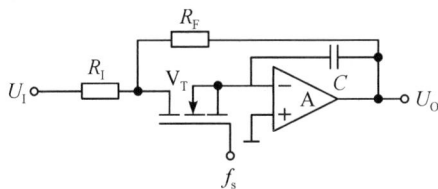

图 8-9　取样-保持电路的基本形式

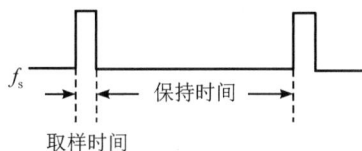

图 8-10　取样脉冲 f_s 波形图

在图 8-9 中，V_T 是 N 沟道增强型 MOS 管，作为模拟开关。当取样脉冲 f_s 为高电平时，V_T 导通，输入模拟信号 U_I 经 R_I 和 V_T 向电容 C 充电。若取 $R_I = R_F$，充电结束后，$U_O = U_C = -U_I$，U_C 是电容 C 上的电压。当 f_s 为低电平时，V_T 截止，由于 V_T 的漏电阻和运算放大器的输入电阻都很大，电容 C 上的电压和输出电压可以保持一定时间。

取样过程的实质就是将连续变化的模拟信号，变成一连串等距而不等幅的脉冲信号的过程。为了能正确无误地用取样信号代替输入信号，取样脉冲必须有足够高的频率。奈奎斯特（Nyquist）取样定理证明，为了保证被取样的原始信号能不失真地恢复，取样脉冲的频率 f_s 必须大于或等于信号中最高频率 f_{imax} 的两倍，即

$$f_s \geqslant 2f_{imax}$$

2. 量化

虽然取样输出是由离散电平构成的，但电平的等级数还是无穷的，还不能用有限位数字来表示这些等级数，因此必须把取样电平规范到某个最小单位电压的若干倍，这个转换过程叫作量化，所取的最小单位电压称为量化单位，用 Δ 表示。显然，Δ 就是把模拟量转化成数字量后的数字最低有效位为 1 时代表的输入电平的大小。

量化方法分为只舍不取法和有舍有取法两种。具体方法可查阅相关资料。

3. 编码

由于量化等级数是有限的，因此可以用有限位二进制数来表示。把量化后 Δ 的倍数用

二进制数表示称为编码。编码有不同的方式，如自然二进制数编码、循环码和 BCD 码等。经过编码后，输入信号就转换成一组由 n 位二进制符号构成的数字。

8.2.2　A/D 转换器的类型

A/D 转换器的种类很多，按转换后的数字位数来分，有 8 位、10 位、12 位、16 位等 A/D 转换器。位数越高，其分辨率就越高。按转换原理来分，有直接转换型和间接转换型两大类。本章以直接转换型为例来介绍 A/D 转换器的工作原理。

直接型(也称比较型)A/D 转换器能把输入的模拟电压，直接转换为数字量，而不需要经过中间变量。在直接型 A/D 转换器中，将取样-保持后的输入信号电压与基准电压比较，在比较的过程中输入电压被量化为数字量，通过计数器计数并输出转换结果。常用的直接型电路有逐次逼近型 A/D 转换器。

逐次逼近型 A/D 转换器电路的原理框图如图 8-11 所示，电路主要由控制逻辑、逐次逼近寄存器、D/A 转换器、电压比较器和输出缓冲器等组成。数字输出有 n 位，即 $Q_0 \sim Q_{n-1}$，其中 Q_{n-1} 是最高位(MSB)，Q_0 是最低位(LSB)。

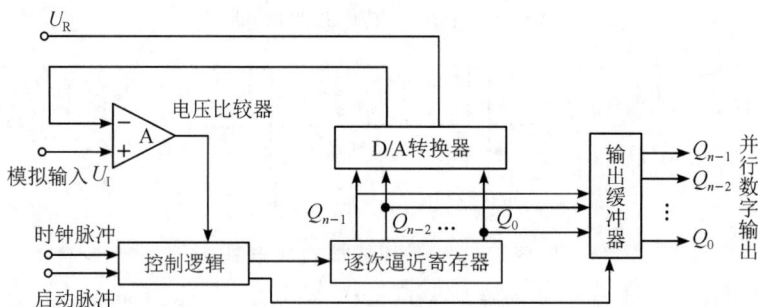

图 8-11　逐次逼近型 A/D 转换器的原理框图

电路在启动脉冲的启动下开始工作，n 位逐次逼近型 A/D 转换器需要 $n+1$ 个时钟完成一次转换，或者说分为 $n+1$ 个步骤进行。

第一步，控制逻辑使复位后的逐次逼近寄存器的最高位 Q_{n-1} 为 1，然后将 $Q_{n-1}=1$ 经过 D/A 转换，产生相应的输出送电压比较器，与取样-保持后的输入电压 U_1 进行比较。

第二步，根据第一步的比较结果决定 Q_{n-1} 的去留，若由 $Q_{n-1}=1$ 产生输出电压低于输入电压，则 $Q_{n-1}=1$ 被保留；若高于输入电压，则使 $Q_{n-1}=0$。同时，使次高位 $Q_{n-2}=1$，然后由 Q_{n-1} 和 Q_{n-2} 组成最高两位二进制数，经 D/A 转换后与输入电压比较。

以此类推，当第 n 步到来时，根据上一步的比较结果，决定 $Q_1=1$ 的去留，并使 $Q_0=1$，组成 n 位数字后与输入电压比较。

第 $n+1$ 步，根据比较结果决定 $Q_0=1$ 的去留。至此，完成一次 A/D 转换，控制逻辑打开输出缓冲器，把转换后的数字送出。

根据上述分析可知，n 位逐次逼近型 A/D 转换器完成一次转换的时间是 $(n+1)T_{CP}$，其中 T_{CP} 是输入时钟的周期。

逐次逼近型 A/D 转换器具有转换速度快和转换精度高的特点，因此是目前集成 A/D 转换器产品中用得最多的一种电路结构。

8.2.3 A/D 转换器的主要技术指标

转换精度和转换速度是 A/D 转换器的主要技术指标。

1. 转换精度

在 A/D 转换器中采用分辨率(又称分解度)和转换误差来描述转换精度。

分辨率用来说明 A/D 转换器对输入信号的分辨能力。有 n 位输出的 A/D 转换器能区分输入模拟信号的 2^n 个不同等级。因此,其分辨率为

$$分辨率 = \frac{U_{\text{Imax}}}{2^n}$$

式中:U_{Imax} 为输入模拟信号的最大值。

【例 8-1】 已知 8 位 A/D 转换器的基准电压 $U_R = 5.12$ V,求当输入为 $U_I = 3.8$ V 时的数字量输出。

解:根据题意可知,A/D 转换器的基准电压 U_R 就是输入信号的最大值。8 位 A/D 转换器的分辨率(以 Δ 表示)为

$$\Delta = \frac{U_{\text{Imax}}}{2^8} = \frac{U_R}{256} = \frac{5.12}{256} = 0.02 \text{ V}$$

当输入 $U_I = 3.8$ V 时的数字量输出为

$$\frac{U_I}{\Delta} = \frac{3.8}{0.02} = (190)_{10} = (10111110)_2$$

A/D 转换器的转换误差通常以输出误差的最大值形式给出,它表示实际输出数字量和理论上应得到的输出数字量之间的差别。通常规定转换误差应小于 $\pm\frac{1}{2}$LSB,即实际输出数字量和理论上输出数字量之间的误差应小于最低有效位的半个字。转换误差也反映了 A/D 转换器所能辨认的最小输入量,因而转换误差与分辨率是统一的,提高分辨率可减小转换误差。

2. 转换速度

A/D 转换器的转换速度主要取决于转换电路的类型,不同类型 A/D 转换器的转换速度差异很大。

并联比较型 A/D 转换器的转换速度最快,完成一次转换的时间一般不超过 50 ns。逐次逼近型 A/D 转换器的转换速度次之,一般在 $10 \sim 100$ μs 之间。双积分型 A/D 转换器的转换速度最慢,一般在数十毫秒至数百毫秒之间。

8.2.4 集成 A/D 转换器

集成 A/D 转换器的种类较多,目前广泛使用的有逐次逼近型、V-F 转换型和双积分型三种,下面以逐次逼近型 A/D 转换器 ADC0809 为例,介绍集成 A/D 转换器的内部结构、工作原理。

1. ADC0809 的内部结构

ADC0809 是 NEC 公司生产的 8 路模拟输入逐次逼近型 A/D 转换器,采用 CMOS 工

艺。ADC0809 的内部结构如图 8-12 所示。

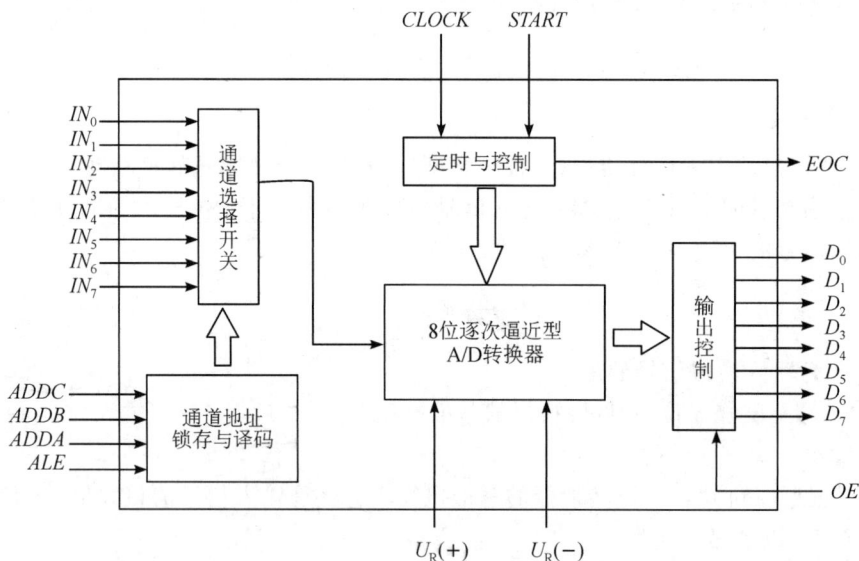

图 8-12 ADC0809 的内部结构

ADC0809 芯片内部包括通道选择开关、通道地址锁存与译码、8 位逐次逼近型 A/D 转换器、定时与控制、输出控制等电路。其中，通道选择开关用于选择 $IN_0 \sim IN_7$ 这 8 路模拟输入中的某一个输入完成 A/D 转换。通道地址锁存与译码电路用于锁 3 位地址 $ADDC$、$ADDB$ 和 $ADDA$，锁存信号为 ALE。当 $ADDC$、$ADDB$ 和 $ADDA$ 为"000"时，译码输出控制通道选择开关的模拟输入 IN_0 选中；当 $ADDC$、$ADDB$ 和 $ADDA$ 为"001"时，选中 IN_1，以此类推。8 位逐次逼近型 A/D 转换器用于完成选中的模拟输入的 A/D 转换，其转换需要的基准电压为 $U_R(+)$ 和 $U_R(-)$，一般将 $U_R(+)$ 接电源正极，$U_R(-)$ 接电源负极（地）。定时与控制电路用于产生与控制整个转换电路的时序脉冲，其时钟输入端为 $CLOCK$，启动 A/D 转换电路开始控制输入端为 $START$，当 $START$ 的上升沿到来时，转换器开始转换，输入输出端 EOC 用于反映 A/D 转换的进程，当 EOC 的下降沿到来时，表示 A/D 转换开始，当 EOC 的上升沿到来时，表示 A/D 转换结束。输出控制电路用于控制 A/D 转换结束后的数据输出，其控制输入端为 OE，当 OE 为高电平时，数据输出 $D_7 \sim D_0$ 有效，当 OE 为低电平时，输出为高阻态。

2. ADC0809 的工作原理

ADC0809 的工作方式分为以下四个阶段。

（1）锁存地址：根据所选通道的信号，输入 $ADDA$、$ADDB$ 和 $ADDC$ 的值，并使 $ALE=1$（正脉冲），锁存通道地址。

（2）启动 A/D 转换：使 $START=1$（正脉冲）启动 A/D 转换。一般可以将锁存地址和启动 A/D 转换两个阶段合并，即将 ALE 和 $START$ 两个输入端并接在一起，统一受一个正脉冲信号控制。

（3）检查转换结束：转换开始时，EOC 产生一个下降沿，当 EOC 出现上升沿时，表示一次转换结束。因为 A/D 转换是 8 位逐次逼近型的，每路模拟输入需要（8+1）个输入时钟完成，因此每次转换需要 $8\times9=72$ 个时钟脉冲。

（4）输出数据：当 $EOC=1$ 时，使 $OE=1$，将 A/D 转换后的数据取出。

本 章 小 结

（1）D/A 转换器种类繁多，结构各不相同，但主要由数码输入电路、电子模拟开关电路、解码电路、求和电路和基准电压几部分组成。

（2）权电阻网络 D/A 转换器主要由权电阻电路、电子模拟开关电路和求和运算放大器组成。学习时要掌握其工作原理。权电阻网络 D/A 转换器的最大特点是转换速度快，但随着转换精度的提高，电路结构也趋于复杂。而且，权电阻阻值分布的范围宽，制造精度和稳定性不易保证，对转换精度也有一定影响。

（3）倒 T 型电阻网络 D/A 转换器主要由倒 T 形电阻网络、电子模拟开关电路和求和运算放大器组成。由于倒 T 形电阻网络中电阻的取值只有 R 和 $2R$ 两种，因此，它除了克服权电阻的阻值分布范围广带来的缺点外，而且各个 $2R$ 支路上流过的电流为固定值。在分析时要掌握好流过 $2R$ 电路电流的规律，其余部分与权电阻网络 D/A 转换器相同。

（4）不同 A/D 转换器的工作方式、特点各不相同，电路结构也相差很远，便于在不同场合、不同要求时选择。逐次逼近型 A/D 转换器转换速度较高、抗干扰能力强且转换精度较高，因此应用广泛。

（5）逐次逼近型 A/D 转换器由 D/A 转换器、逐次逼近寄存器、控制逻辑、输出缓冲器和电压比较器组成。它的工作原理相对来讲复杂一些，学习时需先利用天平称重的例子理解逐次逼近的原理，再来讨论转换器电路。分析时要特别注意移位寄存器的作用，弄清每一次的比较结果对数码寄存器产生的影响，以便较好地掌握整个电路的工作原理。

习　题　8

一、选择题

1. 在输入为 10 位二进制数（$n=10$）的倒 T 形电阻网络 D/A 转换电路中，基准电压 U_R 提供的电流为（　　）。

A. $\dfrac{U_R}{R \cdot 2^{10}}$ 　　　　B. $\dfrac{U_R}{R_2 \cdot 2^{10}}$ 　　　　C. $\dfrac{U_R}{R}$ 　　　　D. $\dfrac{U_R}{\left(\sum 2^i\right)R}$

2. 权电阻网络 D/A 转换器电路最小输出电压是（　　）。

A. $\dfrac{1}{2}U_{LSB}$ 　　　　B. U_{LSB} 　　　　C. U_{MSB} 　　　　D. $\dfrac{1}{2}U_{MSB}$

3. 在 D/A 转换电路中，输出模拟电压数值与输入的数字量之间（　　）关系。

A. 成正比　　　　B. 成反比　　　　C. 无　　　　D. 不确定

4. A/D 转换的量化单位为 S，用舍尾取整法对采样值量化，则其量化误差 ε_{max} ＝（　　）。

A. 0.5 S　　　　B. S　　　　C. 1 S　　　　D. 2 S

5. 在 D/A 转换电路中，当输入全部为"0"时，输出电压为（　　）。

A. 电源电压　　　　B. 不确定　　　　C. 基准电压　　　D. 0

6. 在 D/A 转换电路中，数字量的位数越多，分辨输出最小电压的能力（　　）。

A. 越稳定　　　　B. 越不稳定　　　　C. 越强　　　　D. 越弱

7. 在 A/D 转换电路中，输出数字量与输入的模拟电压之间（　　）关系。

A. 成正比　　　　B. 成反比　　　　C. 无　　　　D. 不确定

8. 集成 ADC0809 可以锁存（　　）模拟信号。

A. 1 路　　　　B. 8 路　　　　C. 10 路　　　　D. 16 路

二、填空题

1. 理想的 D/A 转换特性应是使输出模拟量与输入数字量_____。

2. 转换精度是指 D/A 转换输出的实际值和理论值_____。

3. 将模拟量转换为数字量，采用_____转换器，将数字量转换为模拟量，采用_____转换器。

4. A/D 转换器的转换过程，可分为_____、_____、_____和_____四个步骤。

5. 在 D/A 转换器的分辨率越高，分辨_____的能力越强，A/D 转换器的分辨率越高，分辨_____的能力越强。

6. A/D 转换过程中，量化误差是指_____，它是_____消除的。

7. D/A 转换器的结构一般是由数码寄存器、_____、_____、解码电路及基准电压几部分组成。

8. D/A 转换器的主要技术参数有_____、_____和_____。

三、简答题

1. 常见的 A/D 转换器有几种？其特点分别是什么？

2. 常见的 D/A 转换器有几种？其特点分别是什么？

3. 为什么 A/D 转换器需要取样-保持电路？

4. 什么叫直接型 A/D 转换器？

四、综合题

1. 若 A/D 转换器（包括取样-保持电路）输入模拟电压信号的最高变化频率为 10 kHz，试说明取样频率的下限是多少？完成一次 A/D 转换所用的时间上限是多少？

2. 若一理想的 3 位十进制数（BCD 编码）A/D 转换器满刻度模拟输入为 10 V，当输入为 7 V 时，求此 A/D 转换器采用 BCD 编码时的数字量。

3. 若一理想的 6 位 D/A 转换器具有 10 V 的满刻度模拟输出，当输入数字量为 100100 时，此 D/A 转换器的模拟输出为多少？

第 9 章　Verilog HDL 基础

本章导读

　　Verilog HDL 是目前应用最为广泛的硬件描述语言，1995 年被 IEEE 采纳为国际标准硬件描述语言，至今已公布了 Verilog-1995、Verilog-2001 和 System Verilog-2005 三种版本。Verilog HDL 可以进行算法级（Algorithm）、寄存器传输级（RTL）、逻辑级（Logic）、门级（Gate）和版图组（Layout）等各个层次的电路设计和描述。采用 Verilog HDL 进行电路设计与工艺无关，这使得设计者在进行电路设计时可以不必过多考虑工艺实现的具体细节，只需利用计算机的强大功能，在 EDA 工具的支持下，通过 Verilog HDL 的描述，即可完成电路和系统的设计，大大减少了设计者的繁重劳动。

　　本章介绍 Verilog HDL 的语言规则、数据类型和语句结构，并提供了三个组合逻辑电路设计实例，给初学者一个基本参照。

学习目标

　　(1) 了解 Verilog HDL 设计模块的基本结构；
　　(2) 掌握 Verilog HDL 的词法，尤其是标识符和操作符；
　　(3) 掌握 Verilog HDL 的语句；
　　(4) 了解基于 Verilog HDL 设计组合逻辑电路的基本过程。

思政教学目标

　　电子信息技术在不断地快速发展，电子信息专业的学生和电子信息技术方面的工作人员要紧随科学技术发展的步伐，不断地学习，更新自己的知识储备，才能提高自己的工作效率和技术水平，设计出不落后于时代的电子产品。

9.1　Verilog HDL 设计模块的基本结构

　　Verilog HDL 程序设计模块（module）的基本结构如图 9-1 所示。一个完整的 Verilog HDL 程序设计模块包括模块端口定义、I/O 声明、变量类型声明和功能描述四个部分。

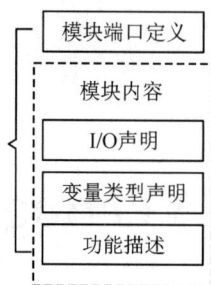

图 9-1　Verilog HDL 程序设计模块的基本结构

9.1.1　模块端口定义

模块端口定义用来声明电路设计模块的输入/输出端口,端口定义格式为:

　　　module 模块名(端口 1,端口 2,端口 3,…);

在端口定义的圆括弧中,是设计电路模块与外界联系的全部输入/输出端口信号或引脚,它是设计实体对外的一个通信界面,是外界可以看到的部分(不包含电源和接地端),多个端口名之间用“,”分隔。例如,在 3 人表决器的设计中,若 decide 为设计电路的 Verilog HDL设计模块名,f 为电路的输出端,a、b 和 c 为电路的输入端,则 decide 模块的端口定义为:

　　　module decide(f, a, b, c);

说明:Verilog HDL 的模块端口定义、I/O 声明和程序语句中的标点符号及圆括弧均要求用半角符号书写。

9.1.2　模块内容

模块内容包括 I/O 声明、变量类型声明和功能描述。

1. I/O 声明

模块的 I/O 声明用来声明模块端口定义中各端口的数据流动方向,包括输入(input)、输出(output)和双向(inout)。双向是指既可以作为输入,也可以作为输出的双方向端口。

I/O 声明格式为:

　　　input　　端口 1,端口 2,端口 3,…;　　//声明输入端口

　　　output　　端口 1,端口 2,端口 3,…;　　//声明输出端口

例如,3 人表决器的 I/O 声明格式为

　　　input　　a, b, c;

　　　output　　f;

2. 变量类型声明

变量类型声明用来声明设计电路功能描述中使用的变量的数据类型。变量的数据类型主要有连线(wire)、寄存器(reg)、整型(integer)、实型(real)和时间(time)等。

3. 功能描述

功能描述是 Verilog HDL 程序设计中最主要的部分,用来描述设计模块的内部结构和

模块端口间的逻辑关系,在电路上相当于器件的内部电路结构。功能描述可以用 assign 语句、元件例化(instantiate)、always 块语句、initial 块语句等来实现。

9.2　Verilog HDL 词法

　　Verilog HDL 源程序由空白符号分隔的词法符号流所组成。词法符号包括空白符、注释、常数、字符串、关键词、标识符、操作符。准确无误地理解和掌握 Verilog HDL 词法的规则和用法,对正确地完成 Verilog HDL 程序设计十分重要。

9.2.1　空白符和注释

1. 空白符

　　Verilog HDL 的空白符包括计算机键盘上的空格键、Tab 键、换行和换页(ASCII 码)符号。空白符用来分隔各种不同的词法符号,合理地使用空白符可以使源程序具有一定的可读性,并反映编程风格。多余的空白符如果不是出现在字符串中,编译源程序时将被忽略。

2. 注释

　　在 Verilog HDL 源程序中,注释用来帮助读者理解程序或程序语句,编译源程序时将被忽略。注释分为行注释和块注释两种方式。行注释用符号"//"(两个斜杠)开始,注释到本行结束。例如:

```
//声明输入端口
```

是行注释形式。

　　块注释用"/ *"开始,用" * /"结束。块注释可以跨越多行,但它们不能嵌套。例如:

```
/ * input    a, b, c;
outputf;    f; * /
```

是块注释形式。

　　在 Verilog HDL 源程序中,注释不仅可以帮助读者理解程序,还可以将某条语句或某段程序用注释方式临时屏蔽起来(不执行),便于调式程序和查错。

9.2.2　常数

　　Verilog HDL 中的常数包括数字、未知值 x 和高阻值 z 三种。数字可以用二进制、十进制、八进制和十六进制等四种数制来表示,完整的数制格式为:

$$<位宽>'<进制符号><数字>$$

其中,位宽表示数字对应的二进制数位数宽度(位宽可以省略);进制符号包括 b 或 B(表示二进制数)、d 或 D(表示十进制数)、h 或 H(表示十六进制数)、o 或 O(表示八进制数)。例如,8'b10110001 或'b10110001 表示位宽为 8 位的二进制数 10110001;8'hf5 或'hf5 表示位宽为 8 位的十六进制数 f5。

十进制数的位宽和进制符号可以缺省，如 125 表示十进制数 125。

另外，用 x 和 z 分别表示未知值和高阻值(x 和 z 可以用大写或小写字母书写)，它们可以出现在除十进制数以外的数字形式中。x 和 z 的位数由所在的数字格式决定。在二进制数格式中，一个 x 或 z 表示 1 位未知位或 1 位高阻位；在十六进制数中，一个 x 或 z 表示 4 位未知位或 4 位高阻位；在八进制数中，一个 x 或 z 表示 3 位未知位或 3 位高阻位。例如：

```
′b1111xxxx      //等价于′hfx
′b1101zzzz      //等价于′hdz
```

9.2.3　字符串

字符串是用双引号引起来的可打印字符序列，它必须包含在同一行中。例如，"ABC" "ABOY." "A" "1234"都是字符串(双引号也应是半角字符号)。

9.2.4　关键词

关键词(或称为关键字)是 Verilog HDL 预先定义的单词，它们在程序中有不同的使用目的。例如，module 和 endmodule 用来指出源程序模块的开始和结束；assign 用来描述一个逻辑表达式等。Verilog-1995 的关键词有 97 个，Verilog-2001 增加了 5 个，共 102 个。Verilog-1995 的关键字如下所示。每个关键词全部由小写字母组成，少数关键词中包含数字"0"或"1"。

always	and	assign	begin	buf
bufi0	bufu1	case	casex	casez
cmos	deassign	default	defparam	disable
edge	else	end	endcase	endfunction
endmodule	endprimitive	endspecify	endtable	endtask
event	for	force	forrver	fork
funation	highz0	highz1	if	initial
inout	input	integer	join	large
macronmodule	medium	module	nand	negedge
nmos	nor	not	notif0	nottif1
or	output	pmos	posedge	primitive
pull0	pull1	pulldown	pullup	remos
reg	release	repeatr	mmos	rpmos
rtran	rtranif0	rtranif1	scalared	small
specify	specparam	strong0	strong1	supply
supply1	table	task	time	tran
tranif0	tranif1	tri	tri0	tri1
triand	trior	vectored	wait	wand
weak0	weak1	while	wire	wor
xnot	xor			

9.2.5　标识符

标识符是用户编程时为常量、变量、模块、寄存器、端口、连线、示例和 begin-end 块等元素定义的名称。标识符可以是由字母、数字和下划线"_"等符号组成的任意序列。定义标识符时应遵循如下规则：

(1) 首字符不能是数字。

(2) 字符数不能多于 1024 个。

(3) 大小写字母是不同的。

(4) 不要与关键词同名。

例如，ina、inb、adder、adder8、name_adder 都是正确的标识符；而 1a、?b 是错误的标识符。

Verilog HDL 允许使用转义标识符，转义标识符中可以包含任意的可打印字符。转义标识符从空白符号开始，以反斜杠"\"作为开始标记，到下一个空白符号结束。反斜杠不是标识符的一部分。下面是转义标识符的示例：

\74LS00

\a＋b

9.2.6　操作符及其优先级

1. 操作符

操作符也称为运算符，是 Verilog HDL 预定义的函数符号，这些函数对被操作的对象(即操作数)进行规定的运算，得到一个结果。操作符通常由 1～3 个字符组成。例如，"＋"表示加操作，"＝＝"(两个"＝"字符)表示逻辑等操作，"＝＝＝"(3 个"＝"字符)表示全等操作。有些操作符的操作数只有 1 个，称为单目操作；有些操作符的操作数有 2 个，称为双目操作；有些操作符的操作数有 3 个，称为三目操作。

Verilog HDL 的操作符有以下九类。

1) 算术操作符(arithmetic operators)

常用的算术操作符包括＋(加)、－(减)、*(乘)、/(除)、%(求余)和 * *(乘方)六种。其中%是求余操作符，即在两个整数相除的基础上，取出其余数。例如，5%6 的值为 5，13%5 的值为 3。

2) 逻辑操作符(logical operators)

逻辑操作符包括 &&(逻辑与)、||(逻辑或)、!(逻辑非)。例如，A&&B 表示 A 和 B 进行逻辑与运算；A||B 表示 A 和 B 进行逻辑或运算；! A 表示对 A 进行逻辑非运算。

3) 位运算(bitwise operators)

位运算是指将两个操作数按对应位进行逻辑操作。位运算操作符包括～(按位取反)、&(按位与)、|(按位或)、^(按位异或)、^～或～^(按位同或)。例如，设 A＝$'$b11010001，B＝$'$b00011001，则

　　　　～A＝$'$b00101110,　　A&B＝$'$b00010001,　　A|B＝$'$b11011001

A$^{\sim}$B=′b11001000, A$^{\sim}\sim$B=′b00110111

在进行位运算时，当两个操作数的位宽不同时，计算机会自动将两个操作数按右端对齐，位数少的操作数会在高位用 0 补齐。

4）关系操作符（relational operators）

关系操作符用于比较两个操作数。关系操作符包括＜（小于）、＜＝（小于等于）、＞（大于）、＞＝（大于等于）。其中，＜＝也是赋值运算中的一种赋值符号。

关系运算的结果是 1 位逻辑值。在进行关系运算时，若关系成立，则计算结果为"1"，表示"真"；若关系不成立，则计算结果为"0"，表示"假"；若某个操作数的值不定，则计算结果为"x"（未知），表示结果是不定或模糊的。

5）等值操作符（equality operators）

等值操作符包括＝＝（等于）、！＝（不等于）、＝＝＝（全等）、！＝＝（不全等）四种。

等值运算的结果也是 1 位逻辑值。当运算结果为真时，返回值"1"；为假则返回值"0"。相等操作符（＝＝）与全等操作符（＝＝＝）的区别是：当进行相等运算时，两个操作数必须逐位相等，其比较结果的值才为"1"（真），如果某些位是不定或高阻状态，其相等比较的结果就会是不定值；当进行全等运算时，对不定或高阻状态位也进行比较，当两个操作数完全一致时，其结果的值才为"1"（真），否则结果为"0"（假）。

例如，设 A＝′b1101xx01，B＝′b1101xx01，则 A＝＝B 的运算结果为"x"（未知），A＝＝＝B 的运算结果为"1"（真）。

6）缩减操作符（reduction operators）

缩减操作符包括 &（缩减与）、$\sim$&（缩减与非）、|（缩减或）、$\sim$|（缩减或非）、^（缩减异或）、^$\sim$或$\sim$^（缩减同或）。缩减操作运算法则与逻辑运算操作相同，但操作的运算对象只有一个。在进行缩减操作运算时，对操作数逐位进行与、与非、或、或非、异或、同或等缩减操作运算，运算结果是 1 位"1"或"0"。例如，设 A＝′b11010001，则 &A＝0（在与缩减运算中，只有 A 中的数字全为"1"，结果才为"1"）；|A＝1（在或缩减运算中，只有 A 中的数字全为"0"，结果才为"0"）。

7）转移操作符（shift operators）

转移操作符包括＞＞（右移）、＜＜（左移）。其使用方法如下：

操作数＞＞n；//将操作数的内容右移 n 位，同时从左边开始用 0 来填补移出的位数

操作数＜＜n；//将操作数的内容左移 n 位，同时从右边开始用 0 来填补移出的位数

例如，设 A＝′b11010001，则 A＞＞4 的结果是 A＝′b00001101；而 A＜＜4 的结果是 A＝′b00010000。转移操作符常用于移位寄存器的设计。

8）条件操作符（conditional operators）

条件操作符为?:。

条件操作符的操作数有 3 个，其使用格式为：

操作数＝条件?表达式 1：表达式 2；

即当条件为真（条件结果值为 1）时，操作数＝表达式 1；当条件为假（条件结果值为 0）时，操作数＝表达式 2。例如：

　　　F＝a?b: c;

上述表达式实现的功能是：当 a 为 1(真)时，F＝b；当 a 为 0(假)时，F＝c。

　　9) 并接操作符(concatenation operators)

　　并接操作符为{ }。

　　并接操作符的使用格式为：

　　　　{操作数 1 的某些位，操作数 2 的某些位，…，操作数 n 的某些位};

即将操作数 1 的某些位，与操作数 2 的某些位，…，与操作数 n 的某些位并接在一起，构成一个完整的多位数。例如，将 d、c、b、a 这 4 个 1 位二进制变量并接为 1 个 4 位二进制数的格式为{d，c，b，a}。

　　2. 操作符的优先级

　　在 Verilog HDL 中，不同的操作符具有不同的优先等级，若一个表达式包含多个不同的操作符，则需要按照优先级高的操作符先运算，优先级低的操作符后运算的规则进行操作，得到相应的结果。Verilog HDL 操作符的优先级如表 9-1 所示。表 9-1 中顶部的操作符优先级最高，底部的最低，列在同一行的操作符的优先级相同。除操作符?:外，其他的操作符在表达式中都是从左向右结合的。圆括弧可以用来改变优先级，并使运算顺序更清晰。当操作符的优先级不能确定时，最好使用圆括弧来确定表达式的优先顺序，这样既可以避免出错，也可以增加程序的可读性。

表 9-1　**Verilog HDL 操作符的优先级**

优先级顺序	操作符	操作符名称
1	!、~	逻辑非、按位取反
2	*、/、%	乘、除、求余
3	+、-	加、减
4	<<、>>	左移、右移
5	<、<=、>、>=	小于、小于等于、大于、大于等于
6	==、!=、===、!==	等于、不等于、全等、不全等
7	&、~&	缩减与、缩减与非
8	ˆ、~ˆ	缩减异或、缩减同或
9	|、~|	缩减或、缩减或非
10	&&	逻辑与
11	||	逻辑或
12	?:	条件操作符

9.2.7 Verilog HDL 数据对象

Verilog HDL 数据对象是指用来存放各种类型数据的容器，包括常量和变量。

1. 常量

常量是一个恒定不变的值数，也称为参数，一般在程序前部定义。常量定义格式为：

parameter 常量名 1＝表达式，常量名 2＝表达式，…，常量名 n＝表达式；

其中，parameter 为常量(参数)定义关键词，常量名为用户定义的标识符，表达式是为常量赋的值。例如：

parameter Vcc＝5, fbus＝$'$b11010001；

上述语句定义了一个名为 Vcc 的常量，其值为十进制数 5；还定义了另一个常量 fbus，其值为二进制数"11010001"。

2. 变量

变量是在程序运行时其值可以改变的量。在 Verilog HDL 中，变量分为网络型 (nets type)和寄存器型(register type)两种。nets 型变量是输出值始终根据输入变化而更新的变量，它一般用来定义硬件电路中的各种物理连线。

1) nets 型变量

在 nets 型变量中，wire 型变量是最常用的一种。wire 型变量常用来表示以 assign 语句赋值的组合逻辑变量。在 Verilog HDL 模块中，输入/输出变量类型默认时自动定义为 wire 型。wire 型变量可以作为任何方程式的输入，也可以作为 assign 语句和例化元件的输出。wire 型变量的取值可以是 0、1、x 和 z。

wire 型变量的定义格式为：

wire 变量名 1，变量名 2，…，变量名 n；

例如：

wire a, b, c;	//定义了 3 个 wire 型变量，位宽均为 1 位
wire[7: 0] databus;	//定义了 1 个 wire 型的数据总线，位宽为 8 位
wire[15: 0] addrbus;	//定义了 1 个 wire 型的地址总线，位宽为 16 位

2) register 型变量

register 型变量用于描述硬件系统的基本数据对象。它作为一种数值容器，不仅可以容纳当前值，也可以保持历史值。register 型变量也是一种连接线，可以作为设计模块中各器件间的信息传送通道。register 型变量与 wire 型变量的根本区别在于，register 型变量需要被明确地赋值，并且在被重新赋值前一直保持原值。

在 Verilog HDL 中，register 型变量包括 reg(寄存器)、integer(整型)、real(实型)和 time(时间)四种，其中 integer、real 和 time 类型变量都是纯数学的抽象描述，不对应任何具体的硬件电路，但它们可以描述与模拟有关的计算。例如，可以利用 time 型变量控制经过特定的时间后关闭显示等。

reg 型变量是数字系统中存储设备的抽象，常用于具体的硬件描述，因此是最常用的寄存器型变量。reg 型变量定义的关键词是 reg，定义格式为：

    reg[位宽]变量 1，变量 2，…，变量 n；

用 reg 定义的变量有一个范围选项（即位宽），默认的位宽是 1。位宽为 1 位的变量称为标量，位宽超过 1 位的变量称为向量。标量的定义不需要加位宽选项，例如：

    reg a，b； //定义 2 个 reg 型变量 a 和 b(标量)

向量的定义需要加位宽选项，例如：

    reg[7：0] data；   //定义 1 个 8 位寄存器型变量，最高有效位是 $7(2^7)$，最低有效位是 $0(2^0)$

    reg[0：7] data；   //定义 1 个 8 位寄存器型变量，最高有效位是 $0(2^0)$，最低有效位是 $7(2^7)$

向量定义后可以采用多种赋值形式。为整个向量赋值的形式为：

    data='b00000000；

为向量的部分位赋值的形式为：

    data(5：3)='b111； //将 data 的第 5、4、3 位赋值为"111"

为向量的某一位赋值的形式为：

    data[7]=1：

3. 数组

若干个相同宽度的向量可构成数组。在数字系统中，reg 型数组变量即为 memory(存储器)型变量。例如：

    reg [7：0] myrom(1023：0)；   //定义包含 1024 个 reg 型的变量 myrom

9.3 Verilog HDL 语句

语句是构成 Verilog HDL 程序不可或缺的部分。Verilog HDL 的语句包括赋值语句、条件语句、循环语句、结构声明语句等类型，每一类语句又包括几种不同的语句。在这些语句中，有些语句属于顺序语句，有些语句属于并行语句。

顺序语句与传统的计算机编程语句类似，是按程序书写的顺序自上而下一条一条地执行的。并行语句是 Verilog HDL 最具有特色的语句结构。并行语句在设计模块中的执行是同步进行的，或者说是并行运行的，其执行方式与语句书写的顺序无关。当多条并行语句都满足执行条件时，它们就同时运行。

9.3.1 赋值语句

在 Verilog HDL 中，赋值语句常用于描述硬件设计电路输出与输入之间的信息传送，改变输出结果。Verilog HDL 有门基元赋值、连续赋值、过程赋值和非阻塞赋值等四种赋值方法(即语句)，不同的赋值语句使输出产生新值的方法不同。其中，非阻塞赋值语句应用较少，下面主要介绍门基元赋值语句、连续赋值语句和过程赋值语句。

1. 门基元赋值语句

门是实现与、或、非三种基本逻辑和与非、或非、异或等复合逻辑的电路，根据逻辑关系把它们分别称为与门、或门、非门、与非门、或非门和异或门。一般的门电路具有一个输出端和若干个输入端，门基元赋值语句用于描述(设计)这些门电路，语句格式为：

基本逻辑门关键词(门输出，门输入 1，门输入 2，…，门输入 n)；

其中，基本逻辑门关键词为 Verilog HDL 预定义的逻辑门，包括 and(与门)、or(或门)、not(非门)、nand(与非门)、nor(或非门)、xor(异或门)等；圆括弧中的内容为被描述门的输出和输入变量。例如，具有 y 输出和 a、b、c、d 四个输入的与非门的门基元赋值语句为：

nand(y, a, b, c, d)；

2. 连续赋值语句

连续赋值语句的关键词是 assign，赋值符号为"="，赋值语句的格式为：

assign 赋值变量＝表达式；

例如，具有 a、b、c、d 四个输入和 y 输出的与非门的连续赋值语句为：

assign y＝～(a & b & c & d)；

连续赋值语句"="号两边的变量都应该是 wire 型变量。在执行中，输出 y 的变化跟随输入 a、b、c、d 的变化而变化，反映了信息传送的连续性。连续赋值语句用于逻辑门和组合逻辑电路的描述。

例如，4 输入端与非门的 Verilog HDL 源程序 nand_4.v 如下：

module nand_4(y, a, b, c, d)：

output y；

input a, b, c, d；

assign #1 y＝～(a&b&c&d)；

endmodule

该程序中的"#1"表示该门的输出与输入变量之间具有 1 个单位的时间延迟，以保证设计结果与实际电路的延迟性能相近。

3. 过程赋值语句

过程赋值语句出现在 initial 和 always 块语句中，赋值符号为"="，语句格式为：

赋值变量＝表达式；

在过程赋值语句中，赋值符号"="左边的赋值变量必须是 reg(寄存器)型变量，其值在该语句结束时即可得到。如果一个块语句中包含若干条过程赋值语句，那么这些过程赋值语句是按照语句编写的顺序由上至下一条一条地执行的，前面的语句没有完成，后面的语句就不能执行，就如同被阻塞了一样。因此，过程赋值语句也被称为阻塞赋值语句。

9.3.2 条件语句

条件语句包含 if 语句和 case 语句，它们都是顺序语句，应放在 always 块中。

1. if 语句

完整的 Verilog HDL 的 if 语句格式为：

　　if(表达式)

　　begin 语句；end

　　else if(表达式)

　　begin 语句；end

　　else

　　begin 语句；end

在 if 语句中，"表达式"一般为逻辑表达式或关系表达式，也可以是位宽为 1 位的变量。系统对表达式的值进行判断，若值为"1"，则按"真"处理，执行指定的语句；若值为"0""x""z"，则按"假"处理，不执行相关的语句。语句可以是多句，多句时用"begin-end"语句括起来，每条语句用分号"；"分隔；也可以是单句，单句可以省略"begin-end"语句。对于 if 语句嵌套，如果不清楚 if 和 else 的匹配，最好用"begin-end"语句括起来。

根据需要，if 语句可以写为另外两种变化形式，即：

　　if(表达式)

　　　　　　begin 语句；end

　　if(表达式)

　　　　　　begin 语句；end

　　else

　　　　　　begin 语句；end

2. case 语句

case 语句是一种多分支的条件语句，完整的 case 语句的格式为：

　　case(表达式)

　　选择值 1: 语句 1；

　　选择值 2: 语句 2；

　　　⋮

　　选择值 n: 语句 n；

　　default: 语句 $n+1$；

　　endcase

执行 case 语句时，首先计算表达式的值，然后在条件句中找到与"选择值"相同的语句并执行。当所有的条件句的"选择值"与表达式的值不同时，执行"default"后的语句。default 语句如果不需要，可以去掉。

case 语句还有两种变体语句形式，即 casez 和 casex 语句。这两种语句与 case 语句的格式完全相同，它们的区别是：在 casez 语句中，如果分支表达式某些位的值为高阻 z，那么对这些位的比较就不予以考虑，只关注其他位的比较结果；在 casex 语句中，把不予以考虑的位扩展到未知 x，即不考虑值为高阻 z 和未知 x 的那些位，只关注其他位的比较结果。

9.3.3　循环语句

循环语句包含 for 语句、repeat 语句、while 语句和 forever 语句四种。

1. for 语句

for 语句的语法格式为：

  for(循环指针＝初值；循环指针＜终值；循环指针＝循环指针＋步长值)

   begin 语句；end

for 语句可以使一组语句重复执行，语句中的循环指针、初值、终值和步长值是循环语句定义的参数，这些参数一般为整型变量或常量。语句重复执行的次数由语句中的参数确定，即循环重复次数＝(终值－初值)/步长值。

例如，语句

  for(i＝0；i＜100；1＝i＋1)；

其循环重复次数为(100－0)/1＝100(次)。

2. repeat 语句

repeat 语句的语法格式为：

  repeat(循环次数表达式)语句；

例如，用 repeat 语句控制循环 100 次的语句为：

  repeat(99)begin 语句；end

用 repeat 控制的循环从第 0 次开始到第 99 次后结束，共执行 100 次。

3. while 语句

while 语句的语法格式为：

  while(循环执行条件表达式)

  begin

  重复执行语句；

  修改循环条件语句；

  end

while 语句在执行时，首先判断循环执行条件表达式是否为真。若为真，则执行其后的语句；若为假，则不执行(表示循环结束)。为了使 while 语句能够结束，在循环执行的语句中必须包含一条能改变循环条件的语句。

4. forever 语句

forever 语句的语法格式为：

  forever

  begin 语句；end

forever 是一种无穷循环控制语句，它不断地执行其后的语句或语句块，永远不会结束。forever 语句常用来产生周期性的波形，作为仿真激励变量。例如，让 clk 产生矩形波的语句为：

  ♯10 foreve ♯10 clk＝!clk；

上述语句表明，clk 变量从一个起始值开始，每隔 10 个标准延迟单位就变化为其相反的值，即由 0 变化为 1，由 1 变化为 0。这样，clk 就是一个在 0 和 1 两种电平上变化的矩形波。

9.3.4　结构声明语句

在 Verilog HDL 中，对具有某种独立功能的电路都是放在过程块中描述的，而任何过程块都是放在结构声明语句中的，结构声明语句包括 always、initial、task 和 function 四种结构。

1. always 块语句

在一个 Verilog HDL 模块(module)中，always 块语句的使用次数是不受限制的，块内的语句也是不断重复执行的。always 块语句的语法格式为：

```
always@(敏感变量表达式)
    begin
        //过程赋值语句；
        // if 语句，case 语句；
        //for 语句，while 语句，repeat 语句；
        // tast 语句，function 语句；
    end
```

在 always 块语句中，敏感变量表达式(event-expression)应该列出影响块内取值的所有变量(一般指设计电路的输入变量、模块内部使用的变量和时钟变量)，多个变量之间用"or"连接。当表达式中的任何变量发生变化时，就会执行一遍块内的语句。块内语句可以包括过程赋值、if、case、for、while、repeat、task 调用和 function 调用等语句。

2. initial 块语句

initial 块语句的语法格式为：

```
initial
    begin
        语句；
    end
```

initial 块语句的使用次数也是不受限制的，但块内的语句仅执行一次，因此 initial 块语句常用于仿真中的初始化。

3. task 块语句

在 Verilog HDL 模块中，task 块语句用来定义任务。任务类似于高级语言中的子程序，用来单独完成某项具体任务，并可以被模块或其他任务调用。利用任务可以把一个大的程序模块分解成为若干小的任务，使程序清晰易懂，而且便于调试。

可以被调用的任务必须事先用 task 块语句定义，定义格式为：

```
task 任务名；
        端口声明语句；
        变量类型声明语句；
    begin
        语句；
    end
endtask
```

任务定义与模块(module)定义的格式相同,区别在于任务用 task-endtask 语句来定义,而且没有端口名列表。

任务调用的格式为:

任务名(端 1 名列表);

使用任务时,需要注意以下几点:

(1) 任务的定义和调用必须在同一个 module(模块)内。

(2) 定义任务时,没有端口名列表,但要进行端口和数据类型的声明。

(3) 当调用任务时,任务被激活。任务调用与块调用一样,都是通过任务名实现。调用时需列出端口名列表,端口名和类型必须与任务定义中的排序和类型一致。

(4) 一个任务可以调用别的任务或函数,可用的任务和函数的个数不受限制。

4. function 块语句

在 Verilog HDL 模块中,function 块语句用来定义函数。函数类似于高级语言中的函数,用来单独完成某项具体操作,并可以作为表达式中的一个操作数,被模块或任务以及其他函数调用。函数调用时返回一个用于表达式的值。

被调用的函数必须事先定义,函数定义格式为:

function[最高有效位:最低有效位]函数名;

端口声明语句;

类型声明语句;

begin 语句; end

endfunction

在函数定义语句中,"[最高有效位:最低有效位]"是函数调用返回值的位宽。

例如,求最大值的函数 max 如下:

function[7:0] max;

input[7:0] a, b;

begin

if (a>=b) max=a;

else max=b;

end

endfunction

函数调用的格式为:

函数名(关联参数表);

函数调用一般出现在模块、任务或函数语句中。通过函数的调用可完成某些数据的运算或转换。例如,调用求最大值的 max 函数的语句为:

peak=max(data, peak);

其中,data 和 peak 是与两个参数 a、b 关联的参数。通过函数的调用,求出 data 和 peak 中的最大值,并用函数名 max 返回。

函数和任务存在以下几点区别:

(1) 任务可以有任意不同类型输入/输出参数,函数不能将 inout 类型作为输出。

(2) 任务只可以在过程语句中被调用,不能在连续赋值语句 assign 中被调用;函数可以作为表达式中的一个操作数,在过程赋值语句和连续赋值语句中被调用。

　　(3) 任务可以调用其他任务或函数;函数可以调用其他函数,但不能调用任务。

　　(4) 任务不向表达式返回值,函数要向调用它的表达式返回一个值。

9.3.5　语句的顺序执行与并行执行

　　Verilog HDL 中有顺序执行语句和并行执行语句之分。Verilog HDL 的 always 块中的语句是顺序语句,按照程序书写的顺序执行,但 always 块本身却是并行语句,它与其他 always 语句以及 initial 语句、assign 语句、例化元件语句都是同时(即并行)执行的。always 语句的并行行为和顺序行为的双重特性,使它成为 Verilog HDL 程序中使用最频繁和最能体现 Verilog HDL 风格的一种语句。

　　always 块语句中有一个敏感变量表,表中列出的任何变量的改变,都将启动 always 块语句,使 always 块语句内相应的顺序语句被执行一次。实际上,用 Verilog HDL 描述的硬件电路的全部输入变量都是敏感变量,为了使 Verilog HDL 的软件仿真与硬件仿真对应起来,应当把 always 块语句中所有输入变量都列入敏感变量表中。敏感变量有电平(高电平与低电平)和边沿(上升沿与下降沿)两种类型,在编程中,电平类型的敏感变量可以不列出,而边沿类型的敏感变量则一定要列出。

9.4　不同抽象级别的 Verilog HDL 模型

　　Verilog HDL 是一种用于逻辑电路设计的硬件描述语言。用 Verilog HDL 描述的电路称为该设计电路的 Verilog HDL 模型。Verilog HDL 具有行为描述和结构描述功能。

　　行为描述是对设计电路的逻辑功能进行描述,并不关心设计电路使用哪些元件以及这些元件之间的连接关系。行为描述属于高层次的描述方法。在 Verilog HDL 中,行为描述包括系统级(system level)、算法级(algorithm level)和寄存器传输级(register transfer level,RTL)三种抽象级别。

　　结构描述是对设计电路的结构进行描述,即描述设计电路使用的元件及这些元件之间的连接关系。结构描述属于低层次的描述方法。在 Verilog HDL 中,结构描述包括门级(gate level)和开关级(switch level)两种抽象级别。

　　在 Verilog HDL 的学习中,应重点掌握高层次描述方法,但结构描述对于实现电路的系统设计是非常重要的。

1. 门级描述

　　Verilog HDL 提供了丰富的门类型关键词,用于门级的描述。常用的门级描述关键词包括 not(非门)、and(与门)、nand(与非门)、or(或门)、nor(或非门)、xor(异或门)、xnor(异或非门)、buf(缓冲器),以及 bufif1、bufif0、notif1、notif 等各种三态门。

　　门级描述语句格式为:

　　　　门类型关键词＜例化门的名称＞(端口列表);

其中，例化门的名称为用户定义的标识符，属于可选项；端口列表按输出、输入、使能控制端的顺序列出。例如：

```
nand nand2(y, a, b);    //例化一个2输入端与非门
xor myxor(y, a, b);     //例化一个异或门
```

2. Verilog HDL 的行为描述

Verilog HDL 的行为描述是最能体现电子设计自动化(EDA)风格的硬件描述方式。它既可以描述简单的逻辑门，也可以描述复杂的数字系统乃至微处理器；既可以描述组合逻辑电路，也可以描述时序逻辑电路。

3. 用结构描述实现电路系统设计

任何用 Verilog HDL 描述的电路设计模块(module)，均可作为一个基本元件，被模块例化语句调用，来实现电路系统的设计。

模块例化语句格式与逻辑门例化语句格式相同，具体为：

设计模块名 ＜例化电路名＞(端口列表);

其中，例化电路名是用户为系统设计定义的标识符，相当于系统电路板上插入设计模块元件的插座；端口列表相当于插座上的引脚名表，应与设计模块的输入和输出端口一一对应。

Verilog HDL 的结构描述方式为大型数字系统的设计带来了方便。

9.5 基于 Verilog HDL 的组合逻辑电路设计实例

由于中规模集成电路的大量出现，许多逻辑问题可以直接选用相应的集成器件来实现，这样既可省去烦琐的设计，又可以避免设计中带来的错误。在现代数字逻辑设计中，也可以用硬件描述语言(HDL)来设计这些逻辑部件，并作为共享的基本元件保存在设计程序包(文件夹)中，供其他设计和系统调用。

下面以全加器、数据选择器和数值比较器等常用部件为例，介绍基于 Verilog HDL 的组合逻辑电路设计方法。

1. 全加器

在数字电路和计算机中，加法器用于完成数值运算。下面介绍基于 Verilog HDL 的全加器的设计。

全加器是能完成两个1位二进制数并考虑低位进位的加法电路。根据全加器的功能列出全加器的真值表，如表 9-2 所示。其中，A、B 是两个1位二进制加数的输入端，C_I 是低位的进位输入端，S_O 是和数输出端，C_O 是向高位的进位输出端。由真值表可以写出电路输出端的逻辑表达式为：

$$S_O = \overline{A}\,\overline{B}C_I + \overline{A}B\overline{C_I} + A\overline{B}\,\overline{C_I} + ABC_I$$

$$C_O = \overline{A}\,BC_I + A\overline{B}C_I + AB\overline{C_I} + ABC_I$$

表 9 - 2　全加器的真值表

A	B	C_I	S_O	C_O
0	0	0	0	0
0	0	1	1	0
0	1	0	1	0
0	1	1	0	1
1	0	0	1	0
1	0	1	0	1
1	1	0	0	1
1	1	1	1	1

推导出全加器的输出表达式后，就可以直接用 Verilog DHL 的 assign 语句建模。完整的 1 位全加器的 Verilog DHL 源程序 adder_1.v 如下：

```
module adder_1(A, B, CI, SO, CO);
    input A, B, CI;
    output SO, CO;
    assign SO=(~A&&~B&&CI)||(~A&&B&&~CI)||(A&&~B&&
        CI)||(A&&B&&CI):
    assign CO=(~A&&B&&CI)||(A&&~B&&CI)||(A&&B&&~Cl)
        ||(A&&B&&CI);
endmodule
```

由真值表推导出设计电路的输出表达式，再用 assign 语句建模编写 Verilog HDL 源程序，是全加器设计的一种方式，但不是最好的方式。用 Verilog HDL 的行为描述方式，可以使源程序更加简洁明了。根据加法行为编写的 1 位全加器的 Verilog HDL 源程序 adder_2.v 如下：

```
module adder_2(A, B, CI, SO, CO);
    input A, B, CI;
    output SO, CO;
    assign(CO, SO)=A+B+CI;
endmodule
```

在源程序中，用并接符号"(CO，SO)"将两个 1 位输出并接成为一个 2 位数，在并接符内部，以自左至右的书写顺序来表示数的权值的级别，最左边变量（如进位 CO）的权值最高，最右边变量（如 SO）的权值最低。

通过比较 adder_2.v 源程序与 adder_1.v 源程序，读者应该能看出 Verilog HDL 行为描述方式的优越性。

2. 数据选择器

从一组输入数据中选出需要的一个数据作为输出的过程叫作数据选择，具有数据选择功能的电路称为数据选择器。常用的数据选择器产品有 4 选 1、8 选 1 和 16 选 1 等。下面以 8 选 1 数据选择器 CT74151 为例，介绍基于 Verilog HDL 的数据选择器的设计。

CT74151 的引脚排列如图 9-2 所示，$D_7 \sim D_0$ 为 8 位数据输入信号；$A_2 \sim A_0$ 为地址输入信号；$\overline{W}$ 为输出信号，低电平有效；$\overline{ST}$ 为使能控制信号，低电平有效。当 $\overline{ST}=0$ 时，数据选择器工作；当 $\overline{ST}=1$ 时，数据选择器被禁止。当数据选择器处于工作状态时，若 $A_2 \sim A_0=000$，则输出 $\overline{W}=\overline{D_0}$；若 $A_2 \sim A_0=001$，则输出 $\overline{W}=\overline{D_1}$；依此类推。

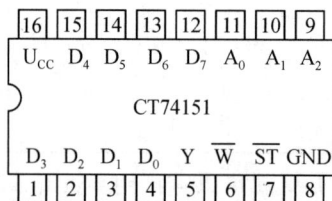

图 9-2　CT74151 的引脚排列

用 Verilog HDL 设计的 CT74151 的元件符号如图 9-3 所示，其中 $D_7 \sim D_0$ 为 8 位数据输入端，$A_2 \sim A_0$ 为地址输入端，WN 为数据输出端，STN 为使能控制输出端。在设计中还增加了同相数据输出端 Y，即 Y 是 WN 的反相输出。

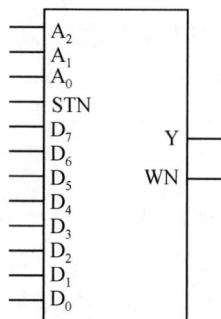

图 9-3　CT74151 的元件符号

根据数据选择器的原理，CT74151 的 Verilog HDL 设计源程序 CT74151.v 如下：

```
module CT74151(A2, A1, A0, STN, D7, D6, D5, D4, D3, D2, D1, D0, Y, WN);
    input A2, A1, A0, STN;
    input D7, D6, D5, D4, D3, D2, D1, D0;
    output Y, WN;
    reg Y, WN;
always
  begin
    if(STN==0)
```

```
        begin
            case ({A2, A1, A0})
                    'b000: Y=D0;
                    'b001: Y=D1;
                    'b010: Y=D2;
                    'b011: Y=D3;
                    'b100: Y=D4;
                    'b101: Y=D5;
                    'b110: Y=D6;
                    'b111: Y=D7;
            endcase
        end
        else Y=1;
        WN=~Y;
    end
endmodule
```

3. 数值比较器

数值比较器是一种运算电路,它可以对两个二进制数或二-十进制编码的数进行比较,得出大于、小于或相等的结果。下面以 4 位数值比较器 CT7485 为例,介绍基于 Verilog HDL 的数值比较器的设计。

CT7485 的逻辑符号如图 9-4 所示,用 Verilog HDL 设计的 CT7485 的元件符号如图 9-5 所示。其中,$A_3 \sim A_0$ 和 $B_3 \sim B_0$ 为两个 4 位二进制数输入信号;$ALBI$(即 $I_{A<B}$)为 A 小于 B 输入信号,$AEBI$(即 $I_{A=B}$)为 A 等于 B 输入信号,$AGBI$(即 $I_{A>B}$)为 A 大于 B 输入信号;$ALBO$(即 $F_{A<B}$)为 A 小于 B 输出信号,$AEBO$(即 $F_{A=B}$)为 A 等于 B 输出信号,$AGBO$(即 $F_{A>B}$)为 A 大于 B 输出信号。

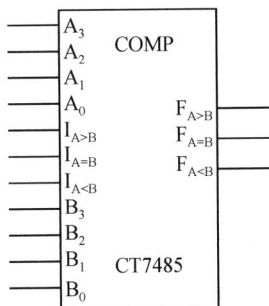

图 9-4　CT7485 的逻辑符号　　　图 9-5　CT7485 的元件符号

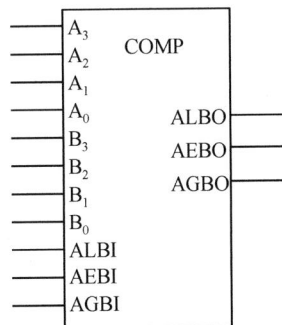

根据数值比较器的原理,CT7485 的 Verilog HDL 设计源程序 CT7485.v 如下:

```
    module      CT7485(A3, A2, A1, A0, B3, B2, B1, B0, ALBI, AEBI, AGBI,
```

```
                    ALBO, AEBO, AGBO);
input        A3, A2, A1, A0, B3, B2, B1, B0, ALBI, AEBI, AGBI;
output       ALBO, AEBO, AGBO;
reg          ALBO, AEBO, AGBO;
wire[3:0]   A_SIGNAL, B_SIGNAL;
assign   A_SIGNAL={A3, A2, A1, A0};
assign   B_SIGNAL={B3, B2, B1, B0};
always
    begin
    if(A_SIGNAL> B_SIGNAL)begin
      ALBO=0; AEBO=0; AGBO=1; end
    else if(A_SIGNAL<B_SIGNAL)begin
      ALBO=1; AEBO=0; AGBO=0;
    end else if(A_SIGNAL==B_SIGNAL)begin
      ALBO=ALBI; AEBO=AEBI; AGBO=AGBI; end
    end
endmodule
```

本 章 小 结

　　逻辑代数的公式和定理、逻辑函数的表示方法和逻辑函数的简化方法，是分析和设计数字逻辑电路的数学工具。传统的逻辑函数的表示方法有真值表、逻辑表达式、卡诺图和逻辑电路图四种，它们之间可以任意转换，根据具体的使用情况，可以选择最适当的一种方法来表示所研究的逻辑函数。卡诺图曾经是数字逻辑电路设计中的一种重要工具，但随着电子设计自动化（EDA）技术的出现，其历史使命即将结束，因此本书用一章内容介绍基于 Verilog HDL 的数字逻辑电路及系统的设计。

　　Verilog HDL 是 EDA 技术的重要组成部分。本章介绍 Verilog HDL 的基本知识，包括语法结构、变量、语句、模块和不同级别的电路设计和描述，为今后的数字逻辑电路与系统的设计打下基础。

　　Verilog HDL 具有行为描述和结构描述功能，可以对系统级、算法级和寄存器传输级等高层次抽象级别进行电路设计和描述，也可以对门级和开关级等低层次的抽象级别进行电路设计和描述。

　　Verilog HDL 具有多种建模方式和功能语句描述，使基于 Verilog HDL 组合电路的设计变得非常方便与快捷。基于 Verilog HDL 的数字电路与系统的设计是当代电路设计工程师必须掌握的基本技能。

习　题　9

一、选择题

1. 下列标识符中，合法的是(　　　)。

A. cout　　　　　　B. 8sum　　　　　　C. $ time　　　　　D. initial

2. 下列数字表示中，正确的是(　　　)。

A. ′Bx0　　　　　　B. 5′b0x110　　　　C. ′da30　　　　　D. 10′d2

3. 下列词中，不是关键词的是(　　　)。

A. and　　　　　　B. module　　　　　C. Verilog　　　　D. wire

二、填空题

1. 一个完整的 Verilog HDL 设计模块包括_____、_____、_____和功能描述四个部分。

2. 进制符号都是用字母表示的，写出以下四个字母表示的进制：

H _____，O _____，B _____，D _____

3. 基本逻辑门关键词是 Verilog HDL 预定义的逻辑门，写出以下关键词对应的逻辑门名称：

not _____，xor _____，nand _____，nor _____

4. Verilog HDL 中有顺序执行语句和并行执行语句之分。Verilog HDL 的 always 块属于_____语句，块中的语句是_____语句，按照程序书写的顺序执行。

三、简答题

1. Verilog HDL 模块的各端口数据流动方向包括哪几种？

2. Verilog HDL 变量的数据类型主要有哪些？

参 考 文 献

[1] 詹瑾瑜. 数字逻辑[M]. 4版. 北京：机械工业出版社，2022.

[2] 邬春明，雷宇凌，李蕾. 数字电路与逻辑设计[M]. 2版. 北京：清华大学出版社，2019.

[3] 邹虹. 数字电路与逻辑设计[M]. 2版. 北京：人民邮电出版社，2017.

[4] 朱正伟. 数字电路逻辑设计[M]. 3版. 北京：清华大学出版社，2017.

[5] 林红，郭典，林晓曦，等. 数字电路与逻辑设计[M]. 4版. 北京：清华大学出版社，2022.

[6] 蔡良伟. 数字电路与逻辑设计[M]. 4版. 西安：西安电子科技大学出版社，2021.

[7] 贾立新. 数字电路[M]. 3版. 北京：电子工业出版社，2017.

[8] 欧阳星明，溪利亚，陈国平. 数字电路逻辑设计[M]. 3版. 北京：人民邮电出版社，2021.